土壤优控污染物筛选研究

吴 劲 王博欣 姚怀献 宋柳霆 滕彦国 著

地质出版社

·北 京·

内 容 提 要

本书是作者及其团队对土壤优控污染物筛选方面研究的系统总结。全书共6章，内容涉及优控污染物筛选方法、土壤环境质量监测指标筛选、土壤环境质量标准指标筛选、区域土壤优控污染物筛选、土壤优控新污染物筛选，系统地总结了土壤优控污染物筛选的理论方法和研究案例，可为土壤环境管理提供参考。

本书适合地球科学、环境科学、水利工程等领域的研究人员、管理人员参考，也可供高等院校相关专业师生参阅。

图书在版编目（CIP）数据

土壤优控污染物筛选研究 / 吴劲等著 . —北京：地质出版社，2022.8

ISBN 978-7-116-13249-8

Ⅰ. ①土… Ⅱ. ①吴… Ⅲ. ①土壤污染—污染防治—研究 Ⅳ. ①X53

中国版本图书馆 CIP 数据核字（2022）第 142129 号

TURANG YOUKONG WURANWU SHAIXUAN YANJIU

责任编辑： 贺秋梅　龚法忠
责任校对： 王　瑛
出版发行： 地质出版社
社址邮编： 北京市海淀区学院路 31 号，100083
电　　话：（010）66554528（发行部）；（010）66554611（编辑室）
网　　址： http://www.gph.com.cn
传　　真：（010）66554686
印　　刷： 北京地大彩印有限公司
开　　本： 700mm × 1000mm　1/16
印　　张： 11.25
字　　数： 190 千字
版　　次： 2022 年 8 月北京第 1 版
印　　次： 2022 年 8 月北京第 1 次印刷
定　　价： 68.00 元
书　　号： ISBN 978-7-116-13249-8

前　言

随着工农业生产、经济水平的不断提高，在社会发展过程中越来越多的化学品已被应用于人类生活空间。这些化学品中的有毒有害物质进入环境后，会给人类和生态系统带来一系列危害。污染物带来的环境问题日益凸显，受到越来越多的关注。我国的环境污染物表现出污染范围广、种类多、复合污染严重、治理难度大的特点。受人力、物力的限制，难以对进入环境中的所有污染物都进行有效监测控制。因此，需要对污染严重、危害大的污染物进行优先调查、监测与管理。构建科学合理的优先控制污染物清单对于化学品环境管控具有重要意义。

国际上，美国早在1976年率先开展环境优先控制污染物的研究，并于1978年的联邦公告中正式提出65类有毒环境污染物名单。随着基于优先控制污染物清单的环境管理理念逐渐推广，欧盟、日本等发达国家和地区也陆续开展不同地区不同环境介质的环境优控污染物研究和实践工作。这些优先控制污染物的前期探索工作，积累了丰富的污染物筛选原则、筛选程序、排序方法、生态环境毒理资料、管理实践、清单名录等方面的经验。这些理论方法和实践经验已经被世界其他国家、地区和组织广泛采用。20世纪80年代和90年代，发达国家筛选的污染物名单是其他国家筛选的主要参考，甚至有些国家和地区直接把相应的优先污染物列入初始筛选名单中。

我国的环境优控污染物研究工作起步较晚。1989年，国家环境保护局发布了“中国水中优先控制污染物黑名单”，其中包括68种污染物。随后，各省（市、区）和一些科研院所也提出了优控污染物的筛选方案。随后的30年间，国家环保部门和科研院所一直在推进我国环境优先控制污染物的管理和研究工作。特别是“十三五”期间，生态环境部在化学品方面管理的重要主题是“优先控制化学品名录”和“有毒有害污染物名录”。“十四五”期间，生态环境部发布了《新污染物治理行动方案》（征求意见稿），提出了《重点管控新污染物清单（2021年本）》。可以预见，伴随着新污染物的不断出现，优先控制污染物的环境管理需求仍将长期迫切持续。

相对于水环境和大气环境而言，土壤环境优控污染物的筛选研究相对薄弱。目前，世界范围内市场上销售的化学品已达 8 万种之多，且每年有近 1600 种新化学品进入市场，美国《化学文摘》登记的化学品数量高达 7000 万种，而且近年来每年以数百万种的速度递增。大量污染物通过各种途径进入土壤，不仅影响着动植物的生长和发育，而且通过食物链传递到人体中，对人类生存和健康构成严重威胁。因此，在了解污染状况的前提下，如何开展优先控制污染物筛选工作，进而有效降低环境污染及其对人类和生态系统的危害，是当前环境土壤学的热点问题。

全书共分 7 章。第 1 章为绪论，由吴劲、姚怀献、王博欣编写，主要介绍了土壤优控污染物筛选研究的理论意义和应用价值，并综述了土壤优控污染物筛选的国内外研究进展。第 2 章为优先控制污染物筛选方法，由吴劲、刘景超、荣绍炜编写，概括性地总结了环境优先控制污染物筛选的主要流程和方法。第 3 章为国家土壤环境质量监测指标筛选，由荣绍炜、姚怀献编写，该章围绕国家层面的土壤环境监测进行指标的筛选。第 4 章为国家土壤环境质量标准指标筛选，由刘景超、王博欣编写，该章围绕国家土壤环境质量标准的指标进行指标筛选。第 5 章为区域土壤优先控制污染物筛选，由吴劲、王博欣编写，该章分别针对有数据情景和无数据情景开展区域土壤环境质量指标筛选。第 6 章为土壤优控新污染物筛选，由吴劲、刘静编写，该章总结了土壤新污染物，并初步探讨了土壤优控新污染物的筛选。

本书是在国家自然科学基金项目（41807344）、环保公益性项目（201509031）、地下水污染控制与修复教育部工程研究中心开放基金等支持下完成的。在这些项目的连续支持下，课题组先后开展了大量的文献调研和案例研究工作，在国内外期刊发表了一系列论文。本书是在这些积累的基础上，进一步总结凝练而成的。在此，对相关资助单位表示衷心的感谢！

全书由吴劲统稿。在本书写作及开展土壤优控污染物筛选研究中，北京工业大学张永祥教授给予了大力支持，北京师范大学岳卫峰副教授和翟远征副教授给予了详尽的指导，在此表示衷心的感谢！

作　者

2022 年 5 月 10 日

目　录

第 1 章　绪　论

1.1　研究背景及意义

土壤资源是重要的自然资源，是人类赖以生存的物质基础，也是生态环境的重要组成部分。作为一种有限的非再生资源，土壤是人类赖以生存的物质基础。土壤环境质量决定了植物产品的质量与数量，直接关系到农产品安全和人体健康，进而影响到国民经济发展和国土资源环境安全（林玉锁，2014）。保住有限的耕地资源，保护土壤环境质量，保障农产品安全和人民健康，这一系列重大问题已引起社会的广泛关注（环境保护部，2014）。随着我国工农业和经济的不断发展、城市化进程不断加快，越来越多的化学品被应用于人类生产和生活各领域。全国各地排入环境中的生活污水和工业废水越来越多，这也导致沉积在土壤中的污染物越来越多，土壤污染程度不断加剧。污染物种类和数量不断增多，土壤污染监测与管理正面临着严峻挑战（余璇等，2018）。据统计，仅欧洲商业化学物质的库存种类就达 10 万以上。这样大量的有毒有害物质排入生态环境系统中所造成的危害，可想而知（裴淑玮等，2013）。但是，考虑到各种不同种类的重金属污染或有机物污染对生态环境的影响程度不同，我国也没有如此庞大的人力、物力对所有污染物进行监测。所以，以某种筛选原则对进入生态系统的污染物进行筛选排序，是解决此类问题的一种有效方法。

国际上，美国早在 1976 年率先开展环境优先控制污染物的研究，并于 1978 年在联邦公告中正式提出 65 类有毒环境污染物名单。随着基于优先控制污染物清单的环境管理理念逐渐推广，欧盟、日本等发达国家和地区也陆续开展不同地区不同环境介质的环境优控污染物研究和实践工作。这些优先控制污染物的前期探索工作，积累了丰富的污染物筛选原则、筛选程序、排序方法、生态环境毒理资料、管理实践、清单名录等方面的经验。这些理论方法和实践经验，已经被世界其他国家、地区和组织广泛采用。20 世纪 80 年代和 90 年代，发达国家筛选的污染物名单是其他国家筛选的主要参考，甚至有些国家和地区直接把相应的优先污染物列入初始筛选名单中。

我国现有 10 余种环境化学污染物筛选排序方案，数量较多，涉及的地域广泛，既有国家层面的，也有针对特定省份、流域、河段等不同空间尺度的。在环境介质方面，主要集中在水环境中，空气优先污染物筛选占少数部分，关于土壤优先污染物的筛选非常少见，还有一些是针对特定行业甚至垃圾处理的。在污染物分类上，主体对象为有机物。这些环境化学污染物筛选排序方案，根据各自的目标和数据获得情况，采用了不完全相同的工作方式和筛选方法。但是，由于不知道各种筛选方案的详细过程，因此给借鉴和评价带来了困难。

1.2 国内外研究进展

1.2.1 优控污染物筛选文献学分析

对于优先控制污染物的研究由来已久，但是如何进行筛选和排序至今仍未有一个统一的结论。每个国家都有自己所定义的流程。比如，美国的 USEPA 流程的优先污染物筛选与排序，欧盟的 COM–MPS 方法，荷兰的 USES 软件，等等。

本书的文献计量分析所使用的数据是 web of science 核心合集数据库的论文，以选取土壤优先控制污染物方向的期刊论文作为分析对象，基于对土壤优先控制污染物筛选与排序的概念和英文名称进行整理后，将检索字段设置为 TS =（“ soil pollutants screening” or “soil pollutants ranking” or “priority control pollutants” or “soil pollution ranking” or “ soil pollution ranking”），文章类型为 Article 或者 Review，语言为 English，时间范围为 1986 年至 2022 年，共检索到 1853 篇文章。

1.2.1.1 时间趋势

土壤优先控制污染物筛选和排序的发文趋势，如图 1.1 所示。1986 年，Kiang，Patty H. 在 *Environmental Letters* 上发表的论文 *Development of a screening method for the determination of 49 priority pollutants in soil* 是公开发表的第一篇研究成果，开启了土壤优先控制污染物筛选和排序的研究。但是，在随后的 5 年中，

有关该领域的研究发文量仍然较少，仅有个位数。直至1992年，发文量开始呈现逐年上升。尤其是进入21世纪以来，随着经济的不断发展，世界各地对环境污染情况的关注度逐渐上升，掀起了对土壤优先控制污染物筛选和排序的研究浪潮；相关研究成果不断增加，2017年发文量为101篇，首次破百。直至2020年，发文量达到顶峰，为173篇。

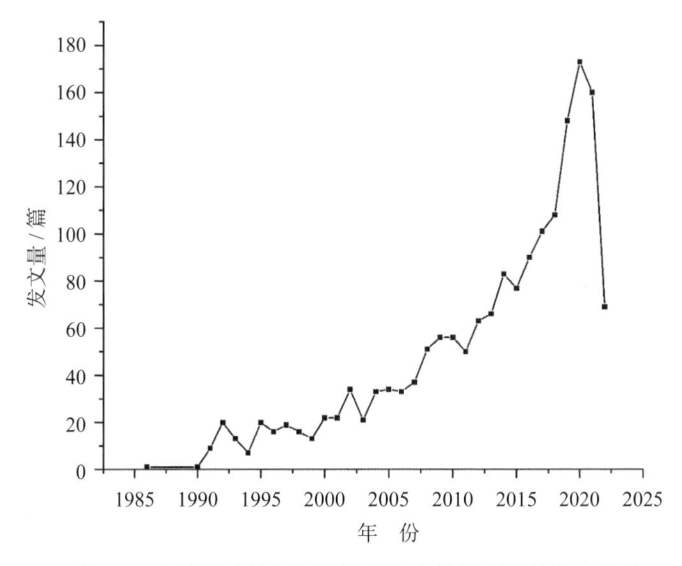

图1.1　土壤优先控制污染物筛选和排序研究的发文趋势

1.2.1.2　空间分布

通过citespace软件，我们可以得到相较于传统的文献计量方法更加有用的信息。通过共现分析方法，我们得到了基于土壤优先控制污染物筛选和排序的科学知识贡献网络，从而通过得到的图来识别对该领域贡献较大的国家或地区以及不同国家或地区的合作关系（图1.2）。国家或地区的贡献度是用节点大小来衡量的，节点和标签越大，则代表一个国家或地区对本研究的贡献率越大，由图1.2可看出，共有142个节点，代表142个国家或地区的作者发表论文数量情况。美国是在土壤优先控制污染物领域发文最早的国家之一。中国则后来居上，从2008年至今已经发表531篇文章，在所有国家中贡献率位居第一。美国的贡献率位于第二，发文316篇。其他发文量较高的国家或地区包括西班牙（83篇）、德国（63篇）、意大利（63 篇）、印度（60 篇）、法国（60 篇）等。

在国际合作方面，各个国家或地区的连线表示国家或地区之间有无合作关系，颜色表示合作年份、连线的粗细则表示国家或地区之间合作的密切程度。其中，美国与各个国家或地区之间的联系最为密切。中国与美国、西班牙、德国、法国等国家或地区均有较深的合作。图中所示许多国家或地区之间的连线较粗而未进行标注，则是因为其发文量少且所发文章大多是两地区合作所致。

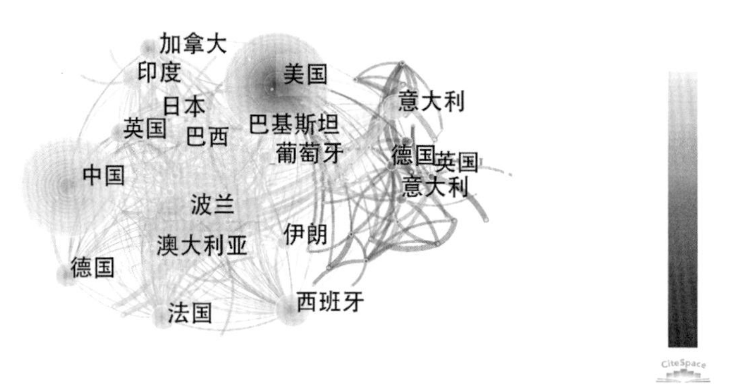

图 1.2　土壤优先控制污染物研究的国家或地区贡献网络

1.2.1.3　热点关键词

利用关键词共现分析，有助于识别土壤优先控制污染物的筛选与排序的研究热点，聚类分析图谱中的热点关键词会挖掘出土壤优先控制污染物筛选与排序有关特征、发展方向和影响等。图 1.3 展示出了对所收集的文献进行关键词聚类分析后的结果。结果显示，从 1986 年至今，共出现了 26 个聚类。其中，比较明显的聚类有 8 个，分别是 soil、health risk、PCBs、air pollution、soil pollution、bioremediation、non-target screening、nitrophenol；在文章中出现的热点关键词包括“soil”（377 次）、“pollution”（186 次）、“heavy metal”（143 次）、“water”（138 次）、“contamination”（131 次）、“polycyclic aromatic hydrocarbon”（127 次）等，说明在进行土壤优先控制污染物的筛选与排序时，水污染的影响因素和重金属是比较重点的考虑对象。这说明，在土壤优先控制污染物的筛选与排序的研究中，关注点也并非全在土壤，而是与许多其他方面的污染相关联进行研究。例如，空气污染、生物修复、人体健康风险评价等。在对关键词进行聚类分析时，通过图 1.3 我们可以看出，各聚类间比较紧凑。这说明，各个国家或地区虽然对土壤优先控制污染物的筛选和排序的方法不尽相同，但是其考虑的污染物种类和来源等却是相似的。

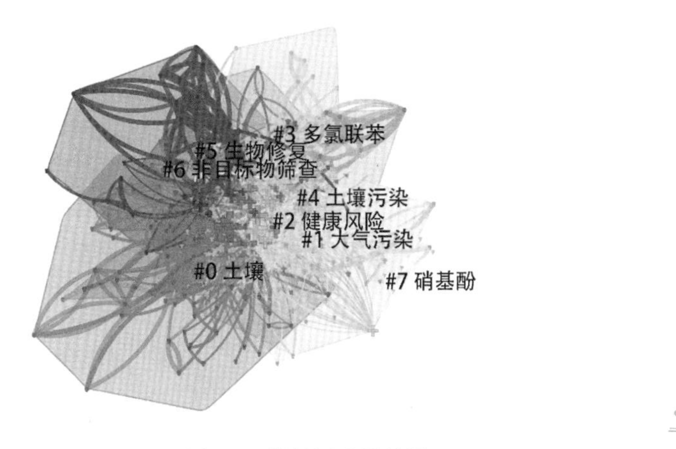

图 1.3　关键词聚类结果

通过图 1.4 可以得到各聚类中关键词出现的时间以及持续的时间，不同的颜色则代表不同的聚类。由图 1.4 可以看出，“soil”聚类中各关键词出现的时间较早，大多出现在 2004 年以前，且有较长时间跨度的关键词较少。对比之下，“air pollution”“health risk”聚类中出现的关键词大多出现在 2008 年之后，这说明这

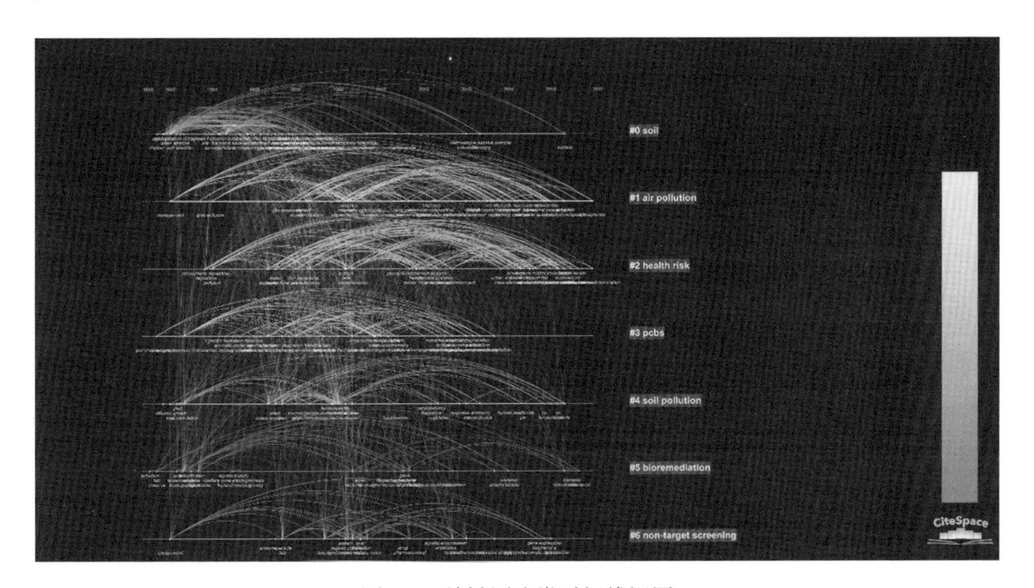

图 1.4　关键词聚类时间线视图

两个聚类是近年来对优先控制污染物的筛选与排序研究的主流方向；而“PCBs”聚类则在1990年至2015年出现了较多关键词，从2015年至今均无新的关键词出现。“bioremediatio”聚类虽然包含的关键词较少，但其持续时间长，从1990年至今仍然不断涌现新的研究方向。可见，土壤优先控制污染物的筛选与排序的研究，从最初的土壤无机污染研究慢慢转向有机物污染研究，再将污染研究重点转向人类健康风险评价和生物修复上。

1.2.2 国内优先控制污染物概述

在我国，虽然针对土壤的优先控制污染物研究起步较晚，但是我国水环境优先控制污染物研究比较广泛。近几年取得了一些成果，不同单位学者建立了不同的方法，并提出了不同地区水体优先污染物控制名单，包括国家级、地方性环保部门和其他部门。由于出发点和目的不同，内容涉及优先监测、登记、管理、控制等不同研究内容。早期我国学者对优先控制污染物赋予了定义：某时期某地区的环境优先污染物是由该地区政府颁布实施的，在这一时期内这一污染物广泛分布于环境中，对人类健康和生态环境有较大危害性，应该并且可以优先监测和控制的环境污染物为优先控制污染物(刘仲秋等，1992)。中国环境优先污染物黑名单是最早由中国环境监测总站组织研究，针对水环境污染和监测，于20世纪90年代提出的，共有14类68种水中污染物，包括有机物58种。其中，卤代烃类10种，苯系物6种，氯代苯类4种，酚类6种，硝基苯6种，苯胺类4种，多环芳烃7种，酞酸酯类3种，农药8种，亚硝胺2种，重金属及有机物9种以及其他3种。这些物质具有毒性大、降解难、出现频率高、可生物累积、具有三致效应等特点，且检测方法成熟。值得注意的是，这些物质主要是水体污染物。二噁英和氯代二环芳烃（致癌物）比氰化物毒性强50~100倍，但是并没有被列入（崔晓勇等，2010）。经过对文献的调研，发现水环境中优控物筛选的流程基本类似。首先，由政府部门、科研人员、大众以及企业等提供污染物候选名单，根据研究的目的、范围以及污染源等资料，按照一定的筛选原则进行初步筛选，得出优控物初始名单；之后，再利用某种方式对污染物进行评价，并对污染物得分进行排序，最终得到优先控制污染物名单（王红娜，2015）。水环境中的优先控制污染物筛选流程，见图1.5所示。

图 1.5　优控物筛选流程框图

在 2018 年 8 月以前，我国土壤污染物的监测有关办法是由《土壤环境质量标准》（GB15618—1995）所规定的。标准中列出了 As、Cd、Cr、Hg、Cu、Pb、Ni、Zn8 种重金属及六六六和滴滴涕两种有机物共 10 项指标。此项标准是我国 1995 年提出的，所以许多新出现的污染物以及经过研究发现更容易出现在人体中并进行积累的污染物并未列入其中。该标准指定时间久远，可能已经难以适应新形势下土壤环境状况的监测需求（余璇等，2018），比如 PAHs、DEHP、PCBs 等。2002 年，中国环境监测总站提出了水环境优先监测有机物推荐名单。随后，各省（市、区）和一些科研院所也提出了优控污染物的筛选方案。如，浙江省第一批环境优先污染物黑名单，四川省优先污染物名单，福建省水环境优先污染物名单等。2018 年，我国颁布了《土壤环境质量农用地土壤污染风险管控标准（试行）》（GB 15618—2018）、《土壤环境质量建设用地土壤污染风险管控标准（试行）》（GB 36600—2018）。这两项标准分别规定了农用地土壤污染风险和建设用地土壤污染风险的筛选值和管制值及其如何使用，同时更新了监测、实施和监督要求。

中国环境优先污染物黑名单是从工业污染源和环境监测两方面考虑所形成的，初期汇总了约 10 万条数据，随后从全国有毒化学品登记库中检索出 2347 种污染物的初始名单，按图 1.6 程序进行筛选（周文敏等，1991）；最终，针对水环境筛选了 68 种污染物的名单，并对其中的 48 种进行优先监测。

1999 年，国家发展和改革委员会在下达的课题“典型区域中有毒有害污染物探察、安全性评估及控制研究”中，设立了“典型区域中有毒有害污染物安全性评估及控制对策研究”的专题。中国环境监测总站专题研究了我国优先控制有毒有害污染物推荐名单，并于 2002 年提出了水环境优先监测有机污染物推荐名单。该名单中包含 72 种污染物。1987 年 8 月，潜在有毒化学品国际登记中心 (RPTC) 中国登记组在青岛召开了第四届 RPTC 国内联络员工作会议。根据污染物的危害性、污染性、毒性试验资料和人群流行病学调查资料，与会代表提出了 40 种优先登记的有毒化学品清单（徐青，2015）。

除国家范围内的优先控制污染物筛选工作外，我国许多省份也相继开展了这

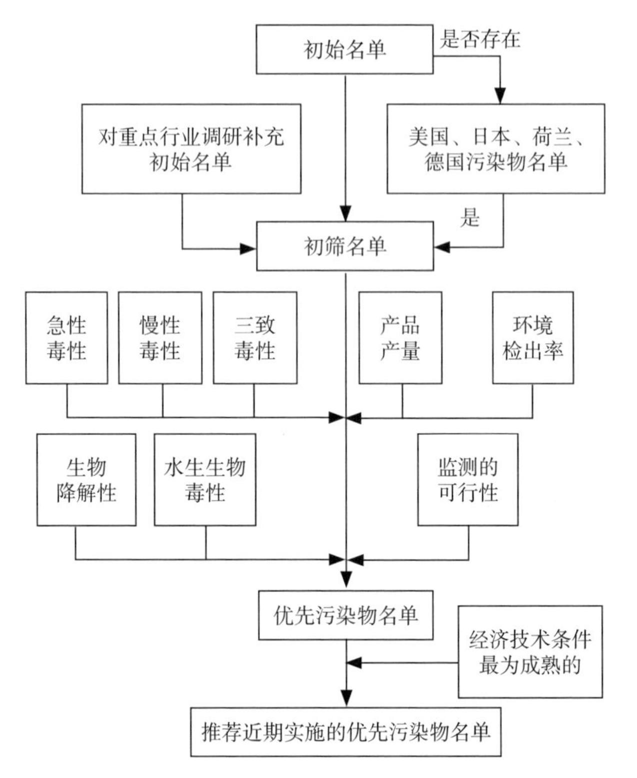

图 1.6　我国水环境优先污染物筛选程序框架

项工作，比如浙江、四川、福建等地。浙江省环保局于 1991 年重点调查和分析了全省化学品和近 10 年来全省有毒化学品环境事故，经石化、商检、农业、环保和大专院校的专家、教授论证后，确定了浙江省第一批环境优先污染物黑名单，共包含 43 种有毒有机污染物（方路乡等，1991）。四川省于 1992 年提出了包含 35 种优先控制污染物的推荐名单。制定名单时，四川省主要考虑污染物对人体和环境的风险程度，污染物的分布范围以及公众了解情况几个方面，对所提 35 种污染物进行排序（刘仲秋等，1992）。1997 年，福建省根据全省的工业结构，以及自身的实际情况等因素，以国家和邻近省份公布的水环境优先污染物作为参考，优先选择国际组织、国家已公布的优先污染物或环境事故频繁、造成损失严重的有毒化学品，最终筛选得到包含 48 种污染物的水环境优先污染物黑名单（印楠，1997）。2000 年，翟平阳等以先进的筛选程序对松花江众多的有毒有机污染物进行筛选，筛选出 28 种有机污染物作为控制松花江有机有毒污染的主要对象。筛选过程结合松花江有机污染物现状、监测水平等多种要素（2000）。2005 年，王莉等采用潜在危险指数法，对辽河流域浑河沈阳段的地表水和沉积物中所检测到的有机物进行排序；同时，参考当时已有的有毒化学品优先控制名单的筛选原则和方法，与辽河流域实际相结合，指定评分标准后得到了 101 种辽河流域浑河的优先控制有机污染物名单。

从我国优控污染物筛选工作的发展情况来看（表 1.1），已从最开始的主要依靠政府及专家评判来确定优先监测目标，逐步转化为通过引导企业和公众参与的客观指标的得分及其他毒性效应、事故发生频次等多方面综合得分，来进行评估。在发展过程中，研究人员考虑的污染物毒性效应指标以及各种影响因素越来越全面。比如，将化学品污染事故及地区性的水文环境等因素纳入考量范围；同时，随着科技的进步，许多以前不能监测的污染物得到了有效的监测。

表 1.1　我国主要优控污染物的筛选

研究区域	筛选方法	时间	数量	优　点	缺　点
中国	专家评判法	1991 年	68	初始筛选时考虑了污染源及环境监测数据，避免了单纯通过模型计算引起的不确定性；既考虑了污染物的直接毒性作用，又考虑了污染物累积效应及其降解产物的长远影响	单纯考虑水体污染物，而未将其他介质中毒性更大的污染物纳入，筛选范围窄；主要依靠专家评判来进行筛选，缺乏一定的客观性；未考虑生态毒性效应
浙江省	专家评判法	1991 年	40	结合了历年来的监测数据，把污染事故纳入筛选考量之中；考虑了经济状况和监测的可行性；通过政府、企业及专家协调合作，共同完成筛选工作	通过专家讨论的方式进行筛选，缺乏客观性；未考虑生态毒性效应；污染事故的损失只是在量化的基础上进行的，未考虑其对人体健康的潜在危害
四川省	综合评分法	1992 年	35	在筛选过程中，用周围环境目标值（AMEG）代替各种毒性指标；考虑了污染物在各介质中毒性效应，考虑了人文及技术因素；加权计算污染物的危害性、分布及知名度因子来综合评分	未考虑环境暴露及污染物在环境中的迁移转化
福建省	专家评判法	1997 年	48	考虑了当地的水文环境因素、污染源及污染物去向，能够更快速准确地确定该地区的主要污染物	未考虑生态毒性，对污染物的筛选主要依靠专家经验，缺乏客观连续性
松花江	定量—构效关系法	2000 年	28	考虑了 QSAR 方法预测下的污染物毒性效应，对污染物的潜在毒性效应提供数据支持	QSAR 方法只能预测部分化合物的结构和效应，不能准确反映污染物的潜在毒性效应

续表

研究区域	筛选方法	时间	数量	优 点	缺 点
鸭绿江	专家评判法	2001年	15	在已有监测条件基础上，通过监测数据的分析结果来确定；在已监测到的有机污染物基础上，进行优控污染物的筛选，符合该地区的实际情况	监测数据仅考虑了水中有机污染物，未考虑其他介质；仅在已监测到的污染物基础上进行筛选，可能错过一些未检测出，但在环境中有较大影响的污染物
淮河	综合评分法	2004年		提出了表征污染物健康风险状况的风险得分指标，综合考虑了污染的潜在危害效应，并进行了量化计算，具有一定的客观性和可持续性	未考虑其他介质
辽河流域浑河沈阳段	潜在危害指数法	2005年	34	根据多介质的环境目标值来表征污染物在各介质中的潜在危害指数，具有客观性和可持续性；考虑了污染物在各介质中的潜在危害	评价过程中所用参数较多，有些参数可能需通过模型计算取得
江苏	专家评判法	2011年	16	在已有研究名单基础上进行筛选，工作量较小	以我国早期“中国水中优先控制污染物黑名单”为初始名单进行筛选，筛选范围较窄，可能忽略一些相对于该地区较为重要的污染物；未考虑其他介质；通过专家经验进行评判，缺乏客观性
我国近岸海域	综合评分法	2011年	20	基于环境暴露指数和环境效应指数为基础建立的定量筛选方法；考虑全面，综合评分结果具有客观连续性；最后通过专家评判和国际污染物管理公约等，动态明确了其可行性	评分中所需参数较多，有些参数需要采用模型估计值
重庆	综合评分法	2019		以国内外重点关注化学品清单作为筛选指标，综合考虑检出断面数、企业生产使用和清单出现频率作为主要指标，使指标筛选具有权威性和客观性	评分中未考虑污染物的空间分布特征和运移特征
湖北	多指标综合评分	2021	41	通过环境暴露水平、生物累积性和生态风险角度等指标，反映了污染物对于环境的影响水平大小	评分中未考虑污染物的空间分布特征和运移特征
长三角	熵权法 TOPSIS 法	2022	16	充分考虑了污染物的检出率、空间分布和致癌性，评估效率较高，实用性强	缺乏对环境可能出现的新型污染的预测

我国在2018年推出了新的土壤环境质量风险管控标准。但是，随着我国经济的不断发展，大多数对人类健康具有较大潜在危险性的有机污染物并未包含在内。存在的污染物优先控制名单不能满足我国目前的环境管理工作需求。经过与其他国家对比，发现，我国优先控制污染物的筛选及监测存在许多有待完善的地方。比如，优先控制污染物筛选与排序工作，由于长时间未增加政策支撑，缺乏一定的连续性，不能充分反映我国当前的环境风险现状及研究水平；我国地大物博，存在多个流域，各个流域不仅自然条件不同，污染物种类也不相同；我国没有一套针对各地不同类型污染的系统工作方案和方法指南，进行全面的环境评价时有一定的困难，且我国的优先控制污染物筛选大多借用外国的方案，缺乏对借用方案的评判；环境监测数据的可靠性需要得到保证，应完善环境监测管理制度，提高监测人员素质，充分利用地市级环境监测部门仪器设备。我国目前的土壤环境质量标准对重金属的关注度比较高，而对有机物的关注度不够；但是，有机污染物对环境的影响较大，所以应当扩大政策要求的监测范围及监测污染物种类。

1.2.3 国外优先控制污染物概述

目前，国际上污染物排序与筛选的流程，多数参考了美国科学院（US National Academy of Sciences）建立的四步框架（four-step framework）方案，通过污染物危害评估、污染物毒性评估、暴露评估和风险表征4个步骤，综合评估污染物的环境风险与人体健康风险进行污染物排序与筛选。污染物排序与筛选方法，主要分为两类：一是定量评分系统，通过多介质环境目标值评价污染物的毒性、环境降解性、环境暴露风险、环境健康状况的得分等；二是半定量评分系统，在环境调查的基础上，结合毒性效应、产品生产、进口及使用量、专家经验等进行确定筛选，虽然也给出了污染物的得分，但最终优先污染物名单是基于得分阈值基础上的专家评判。美国是最早开展优先污染物研究的国家。此外，欧盟、加拿大、荷兰、日本等国家或国际组织也陆续开展了优先污染物筛选工作（王一喆等，2018）。国外主要优先污染物筛选方法见表1.2。

1.2.3.1 美国水环境优先污染物的筛选

20世纪70年代，美国国家环境保护局(USEPA)组织专家经过反复论证，基于法令提出的21个工业类型65类化合物名单，以水生生物和人体健康作为水环

表 1.2　国外主要优先污染物筛选方法

国家或国际组织	筛选方法	主要评估指标	评估方法
美国	水环境优先污染物筛选	生产量、检出率、急性毒性、慢性毒性、毒性产生的环境效应和生物效应	专家论证
	《环境应对、赔偿和责任综合法》(CERCLA) 有害物质优先名单	NPL 监测点出现频率、污染物毒性、人群潜在暴露危害	分级赋值、加权、加和综合计算
欧盟	综合基于监测和模型的优先设置方案 (COMMPS) 筛选评估	采样点监测浓度、暴露得分、效应评估	COMMPS 评估工具
加拿大	环境污染物筛选	环境排放特征、暴露特征、效应特征、风险评估	逐级推进，专家评判
荷兰	优先有机污染物筛选	排放数据、理化性质、生物累积性、污染物归宿、毒性数据	USES1.0 软件
澳大利亚	环境化学优先污染物	人体健康效应、环境效应、暴露评价	分级赋值、加权、加和综合计算
日本	环境优先检测物质	健康效应、工作场所暴露因素、一般人群暴露因素	Hases 图解法
德国	化学优先污染物	暴露、毒性、生态毒性	分级评分
英国	化学物质利益相关者论坛（CSF 法）筛选	持久性、生物富集性、毒性	PBT 评估
	皇家环境污染委员会 (RCEP 法) 筛选	列表、分选、评估、行动	专家评判
挪威	环境化学优先污染物	毒性、生物富集性	COMMPS 评估工具
瑞典	环境化学优先污染物	采样点监测浓度、暴露得分、效应评估	COMMPS 评估工具
韩国	环境优先污染物	排放源、排放量、转移量、化学品分类及特征、流通量	风险排序法、CHEMS-1 法

境判定依据，筛选出了包含 129 种污染物的优先污染物名单，并根据优先污染物所具有的长效性和生物累积性，将其分为 5 级。

1987 年，美国通过《环境应对、赔偿和责任综合法》(*Comprehensive Environmental Response*，*Compensationand Liability Act*，CERCLA，又称《超级基金法》) 修正案，要求有毒物质与疾病登记署（Agency of Toxic Substances and Disease Registry, ATSDR）和 USEPA 共同提出在 CERCLA 国家优先名单（National Priority List，NPL）所列地点最常出现的有毒物质清单，并根据其毒性、人体潜在暴露危害等的严重程度进行优先排序。

筛选排序过程中选用3个参数，分别是污染物在NPL监测点的出现频率、污染物毒性和人群潜在暴露危害评估。3个参数各自最高分为600分，三者得分之和为污染物总得分。按照得分高低进行优先排序，名单每两年更新一次。加拿大、荷兰、日本等国家或国际组织也陆续开展了优先污染物筛选工作。

USEPA按照下面的工作流程（图1.7）和技术路线开展了污染物的筛选工作。最终公布的名单包含了129种水环境优先污染物，后来又补充了80种（USEPA，1994；崔晓勇等，2010）。为了制定合理的监测方案，对这些物质进行了分类，将129种优先污染物分成十大类。根据优先污染物所具有的长效性和生物累积性，将优先污染物分为5级（图1.8）。根据分类分级数据，选定并推荐优先监测的采样对象（USEPA，2000；王先良等，2014）。

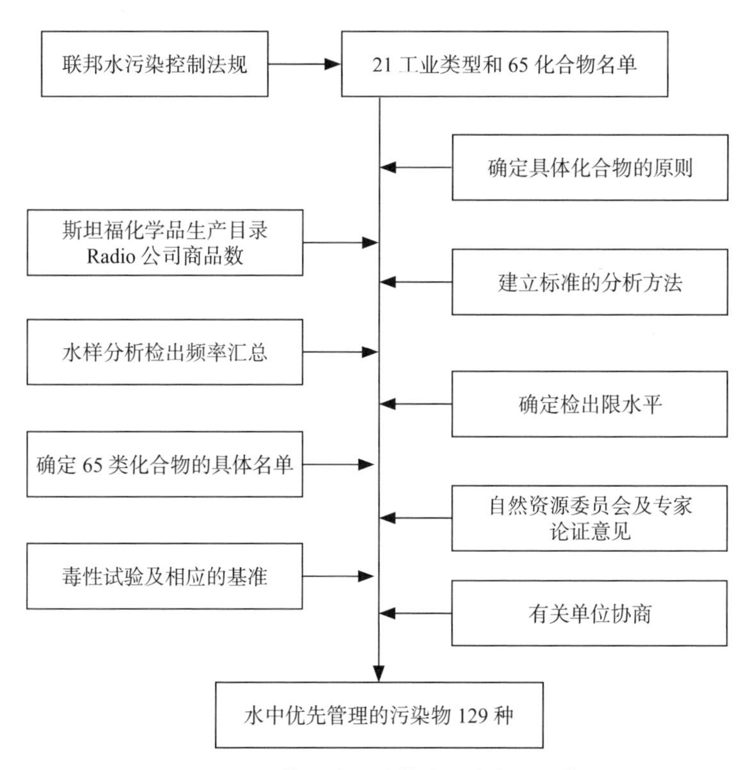

图1.7　USEPA筛选水环境优先污染物的工作流程

美国有毒物质与疾病登记署（Agency for Toxic Substances and Disease Registry，ATSDR）和USEPA共同提出一份国家优先名单(National Priority List，NPL)，即

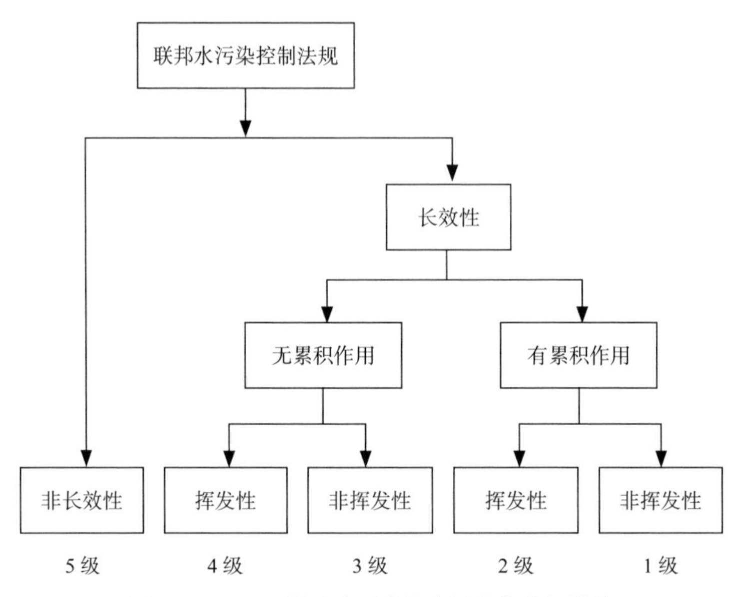

图 1.8 USEPA 筛选水环境优先污染物分级结果

所在地点最常见的有毒物质名单，并根据其对人体已知或怀疑会存在的毒性，考虑人体潜在暴露后的健康危害，基于危害的严重程度进行优先排序（ATSDR，2007；USEPA，2009a）。

根据美国联邦超级基金项目（Federal Superfund Program）的规定，USEPA 负责对来自政府、公民或其他机构提交的潜在健康或环境风险地点进行评估和筛选，筛选工作为 USEPA 的危害排序系统。该系统采用一种快速的初筛方法，将被评估的地点和其他所有列入 NPL 的地点放在一起，根据该地点向环境中释放有害物质的可能性、释放的有害物质性质、有害物质释放影响的人群或敏感环境的特征 3 个方面进行评价，对污染物迁移暴露的 4 个途径——地下水迁移、地表水迁移、土壤暴露、大气迁移分别排序打分，再将分项得分的评分求平均值开方，得到最终的总得分（ATSDR，2007；USEPA，2009b）。总得分在 28.5 以上的地方可以作为 NPL 的候选地点，经过公示接受公众评议之后再次评估。如果通过，则正式列入 NPL 地点。所有的 NPL 地点将在超级基金的资助下进行净化处理和监测（图 1.9）。

1.2.3.2 欧盟

1975 年，欧盟在提出“关于水质目的排放标准”的技术报告中，列出了需要

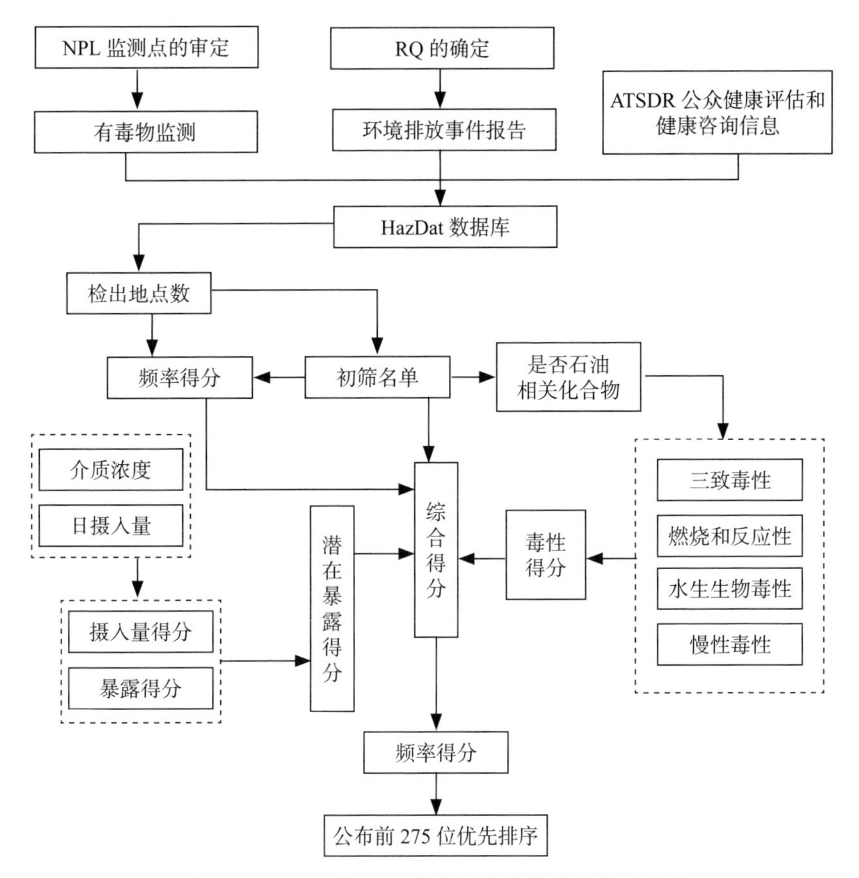

图 1.9　ATSDR 的 NPL 优先污染物的排序筛选程序

加以控制的优先污染物“黑名单”和“灰名单”。列入“黑名单”的化学品是依据化学品的毒性、持久性和生物积累性筛选出来的，共分为 8 大类：列入“灰名单”的化学品是指那些虽然对水环境有不利影响，但影响只限于某一范围的物质，也分为 8 大类。根据该报告的要求和规定，各成员国可结合具体国情，制定符合本国国情的有毒污染物控制名单（徐青，2015）。

随后，荷兰和德国均提出自己国家规定的优先污染物。荷兰在 20 世纪 80 年代初提出了 43 种优先控制污染物，德国则在 1980 年公布了一份包含 120 种污染物的水体有毒污染物名单，共分为 4 个类别。

目前，欧盟水环境优先污染物的筛选采用的是 COM–MPS 方法，该方法是 1998 年首次提出，经过成员国、欧洲环境署及毒性、生态毒性与环境科学委员会、各工业联合会等专家讨论和修正，最后才付诸实施（ECB，2003）。COM-MPS 方法拥有来自 28 个国家，包含 1153 种化学物质、1400 万个指标值的数据库。

COM-MPS 采用先以相对风险为基础进行自动排序，再由专家判断的技术方法开展水环境优先污染物筛选。欧盟 COM-MPS 水环境优先污染物筛选排序方法的特点是，同时计算基于模型的暴露得分和基于监测数据的暴露得分，并分别与效应得分进行计算。在筛选过程中，监测结果优先，模型作为没有监测数据的有效补充，避免了初始污染物因缺乏监测数据而大量被剔除的情况发生。计算优先顺序时，充分考虑金属的特殊性，将金属与其他物质分开排序，并分别依据溶解态和总量计算得分及排序。该方法的主要原理是以相对风险为基础进行自动排序，后由专家判断的简易风险评估流程。具体流程如图 1.10 所示。

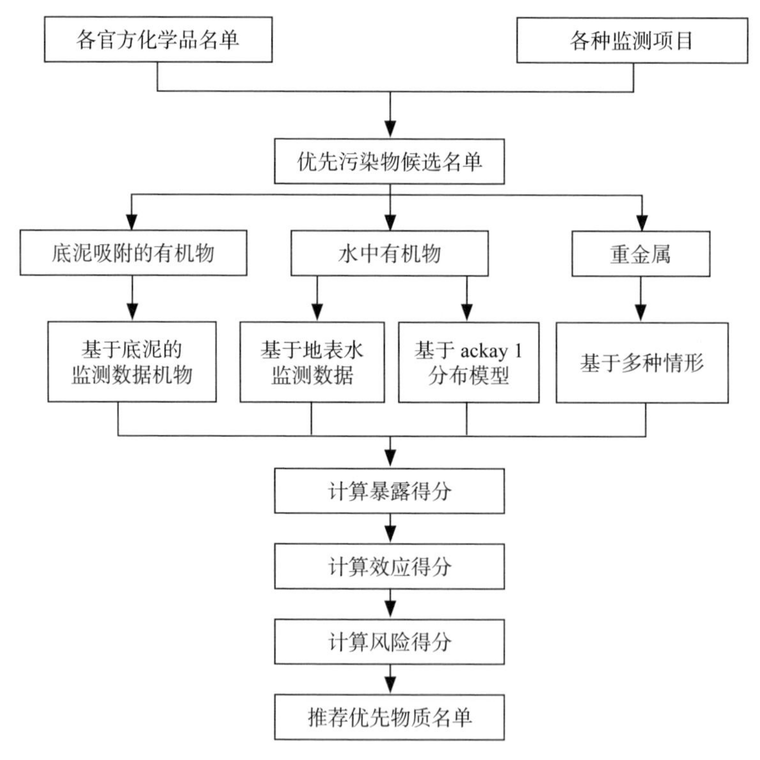

图 1.10　欧盟水环境优先污染物筛选流程

1.2.3.3　加拿大

加拿大《环境保护法》(*Canadian Environmental Protection Act*，CEPA）规定了

有毒物质的判定标准，并规定了加拿大国内物质名单（Domestic Substances List，DSL）、非国内物质名单（Non-Domestic Substances List，NDSL）、优先物质名单（Priority Substances List，PSL）、有毒物质名单（Toxic Substances List，TSL）、出口管制名单（Export Control List，ECL）、最终清除物质名单（Virtual Elimination Substances List，VEL）等的制定、发布和修改程序。根据CEPA规定，DSL上的物质需要开展环境风险评估。由于数量太多，由环境部和健康部设立了优先物质评估项目(Priority Substances Assessment Program，PSAP)，通过优先物质快速筛选程序，分期分批提出优先物质名单（ESD，2007）。工作流程，如图1.11所示。

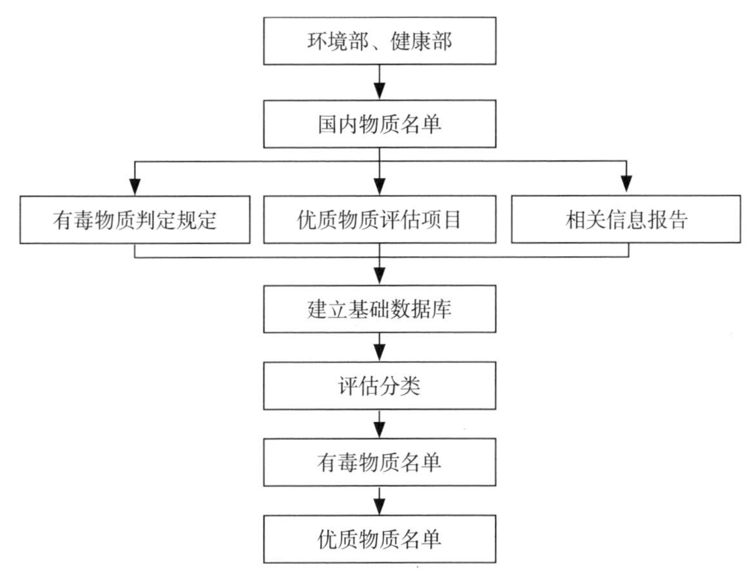

图1.11 加拿大环境污染物的筛选工作程序

1.2.3.4 澳大利亚

随着欧盟环境风险等级中的化学物质不断增加，澳大利亚也相应地进行了优先污染物筛选工作。1997年，澳大利亚政府与各地州政府合作开展了国家污染物清单（National Pollutant Inventiory，NPI）编制工作，并于1997年成立了NPI的技术顾问委员会（Technical Advisory Panel，TAP），为NPI的制定提供咨询、协助。

TAP依据欧盟化学物质分级系统中的指标以及评价规定，选择污染物的人体健康效应、环境效应和暴露三方面作为其筛选参数，针对原始名单上的每一种物质对人体健康效应、环境效应和暴露，采用定量分析与客观分析相结合的方式对污染物进行分别赋值，得出评价结果。

1.2.3.5 日本

日本政府在1973年颁布了《化学物质的审查规制法》，对化学品进行严格控制管理。在优先化学品筛查工作上，日本引用了经济合作与发展组织（Organization for Economic Cooperation and Development，OECD）（OECD，1986）的筛选程序，采用初筛、精筛和复审三道程序，通过环境调查对象筛选、环境污染现状调查以及影响（人体环境）的评价与监测，筛选确定需要优先关注的有毒化学品。OECD的筛选程序，如图1.12所示。

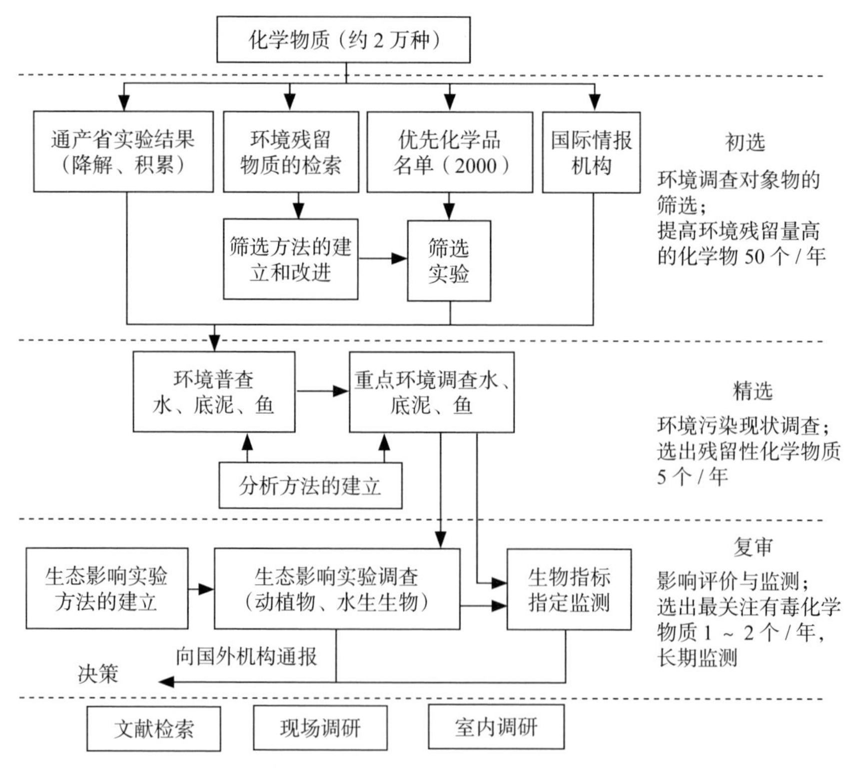

图1.12　日本环境污染物的筛选工作程序

同时，从1974年开始，根据《化学物质的审查规制法》的规定，日本环境厅每年从全国范围内选出50种化学物质进行环境安全性综合调查，建立分析方法，测定其在水、底泥及大气中的浓度。经过 12 年对 600 种优先有毒化学品在水、底泥和鱼中的浓度水平分析，日本环境厅筛选出要重点控制的优先污染物 189 种（徐青，2015）。

2005 年，日本发布《筛选优先监测化学物质的试验及判断标准》，根据微生物、鱼类、哺乳类、藻类、细菌突变等相关试验结果，将新化学物质和现有化学物质分成第一类、第二类或第三类监督物质，以及第一类或第二类特定化学物质（环境白皮书）。此外，日本于 1997 年开始实施污染物排放和转移登记 (Pollutants Release and Transfer Register，PRTR) 项目，采用部分排序理论 (Partial Order Theory，POT) 和随机线性外推法 (Random Linear Extension，RLE) 对污染物进行排序。

1.2.3.6　韩国

韩国在 20 世纪 90 年代就进行了环境优先物质名单的研制工作。但是，当时缺乏毒性方面的基础数据，没有完成排序工作。2001—2002 年，韩国在环境部 (Ministry of Environment) 和 21 世纪生态技术项目 (ECO-technopia-21，即 Core Environment Technology Development Project for Next Generation) 的支持下，开展了整合环境管理研究，筛选出了 81 种环境优先物质名单（徐青，2015）。

现在，韩国环境优先污染物的筛选采用欧盟风险排序方法。该方法是一个确定污染物优先度的简单模型，它基于污染物的暴露和对人体健康及环境效应，给出每一个污染物的环境风险标准值 (Kim et al.，2005)。具体程序，如图 1.13 所示。

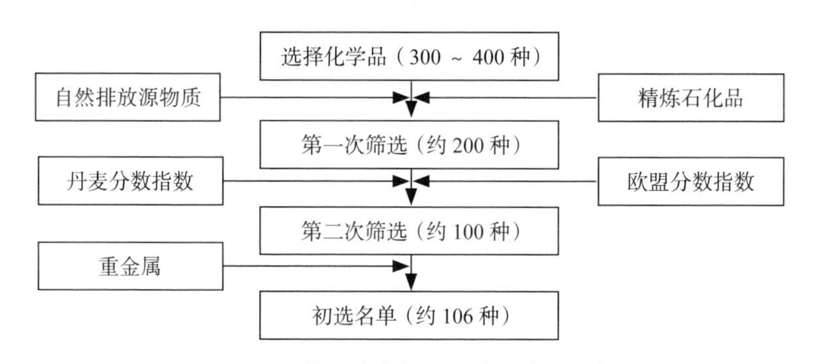

图 1.13　韩国确定候选物质名单的程序

1.2.3.7　荷兰

荷兰污染物定量筛选工作主要依据污染物风险熵进行判断。1994 年，为更好地开展污染物筛选工作，荷兰采用经济合作与发展组织（OECD）提出的污染物筛选程序，依据环境浓度和无效应浓度，定量排序和确定优先污染物，开发了“Uniform System for the Evaluation of Substances”（USES）软件（OECD，1986）。该软件可以为关注污染物名单的制定提供简易筛选工具，也可以进一步对名单上的污染物开展风险评估。USES 1.0 版可以计算各污染物在局地和区域尺度上不同系统的危害商，并进行优先排序，包括局地尺度上水生生态系统、区域尺度上水生生态系统、局地尺度上陆地生态系统、区域尺度上陆地生态系统、局地尺度上鱼—捕食者系统、区域尺度上鱼—捕食者系统、局地尺度上蠕虫—捕食者系统、区域尺度上蠕虫—捕食者系统、局地尺度上人通过环境暴露和区域尺度上人通过环境暴露。在此基础上，通过平均值排序或最大值排序，对污染物进行综合排序。具体程序，如图 1.14 所示。

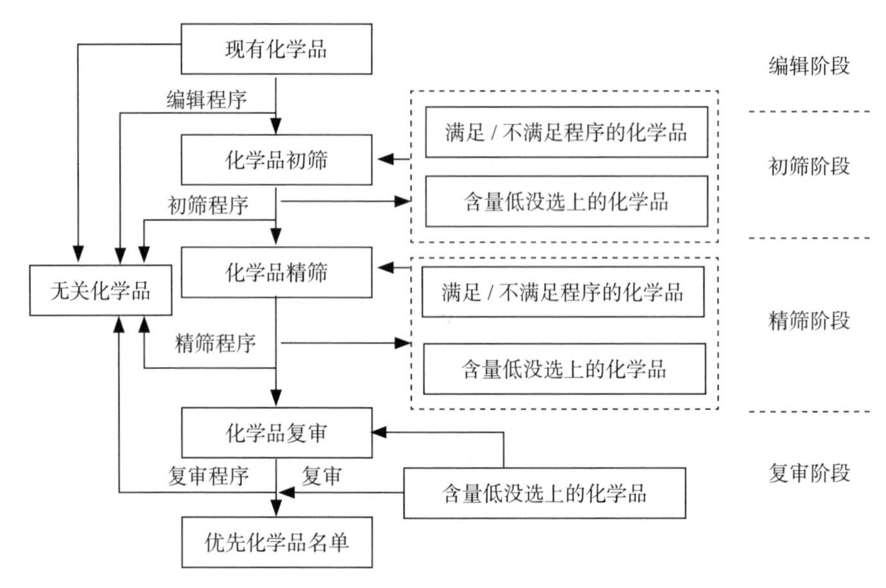

图 1.14　荷兰确定候选物质名单的程序

1.2.3.8　其他

美国是世界上最早进行污染物监测的国家，也是最早提出“优先污染物”的国家。但是，苏联几乎同一时期也进行了优先污染的调研。1976 年，苏联公布了一份包含 496 种有机优先污染在水中的最大允许浓度的清单。1986 年，苏联对这份清单进行修订，并将名单中包含污染物种类提高到 561 种。

联合国环境规划署也在 1976 年成立了潜在有毒化学品估计登记中心，着手进行化学物品登记，汇总不同化学物品对人体健康影响的资料。同时，联合国环境规划署还成立了有关机构，专门负责对有毒化学品的化验工作，以保证其所提出的针对国际范围内的有毒化学品防治措施的准确性和客观性。

经济合作与发展组织 (OECD) 于 1981 年 5 月通过了“关于相互受理化学品评价数据的理事会决定”，将化学品安全性评价分给各有关成员去做；而后，按照一定程序确认并共享评价成果。安全性评价是一项费时耗资且需要各个国家共同完成的工作。同时，OECD 也着重对新生产的有毒化学物质进行了危害性评价（徐青，2015）。

世界卫生组织也从 20 世纪 80 年代着手实施国际化学品安全计划，从 4 个方面实施，分别是：①通过收集已有文献并进行分析，评价现有化学物质对人体的健康威胁程度，以及影响；②制订有毒化学品引发灾难的预防对策，开展国际合作；③分析化学品安全性评级方法的优劣，分析热点并进行改进；④针对国际化学品安全计划的实施，进行专业人员培训，做到标准统一。

第 2 章　优先控制污染物筛选方法

2.1　多介质环境目标值法

多介质环境目标值 (MEG) 是美国国家环保局（EPA）工业环境实验室推算出的化学物质在环境介质中的含量及排放量的限定值。MEG 包括周围环境目标值（AMEG）和排放环境目标值（DMEG）(Schalit et al.，1978)。其中，AMEG 表示化学物质在环境介质中可以允许的最大浓度，生物体与这种浓度的化合物终生接触都不会受到有害影响；DMEG 是指生物体与排放流短期接触时，排放流中的化学物质最高允许浓度，这种浓度的污染物不会对人体或生态系统产生不可逆转的有害影响，也称最小急性毒性作用排放限值。

根据对健康和生态系统的影响，由经验数据推算出来的 AMEG 和 DMEG 分别有 6 项，如表 2.1 所示。表中各项角标含意为：A—空气；W—水；L—土壤；H—健康；E—生态。

表 2.1　MEG 的表示方法和意义

环境介质	AMEG		DMEG	
	以对健康影响为依据	以对生态系统影响为依据	以对健康影响为依据	以对生态系统影响为依据
空气	$AMEG_{AH}$	$AMEG_{AE}$	$DMEG_{AH}$	$DMEG_{AE}$
水	$AMEG_{WH}$	$AMEG_{WE}$	$DMEG_{WH}$	$DMEG_{WE}$
土	$AMEG_{LH}$	$AMEG_{LE}$	$DMEG_{LH}$	$DMEG_{LE}$

MEG 值分别由阈限值、推荐值及经验数据确定。估算 MEG 所依据的各项毒理学数据含义分别如下。

（1）阈限值，美国政府工业卫生学家协会（ACGIH）对空气中有毒物质制定的接触限值。

（2）推荐值，美国国家职业安全和卫生研究所（NIOSH）制定的车间空气最高浓度推荐值。

（3）LD_{50}，半数致死量，即在一定的实验条件下，引起受试动物半数死亡的剂量，一般取大鼠经口给毒的 LD_{50}。

（4）LD_{Lo}，实验动物的最低致死剂量，表示在某实验总体的一组受试动物中，仅引起个别动物死亡的剂量。

（5）LC_{50} 和 LC_{Lo} 分别表示半致死浓度和实验动物的最低致死浓度。

推导 $AMEG_{AH}$ 的模式是 MEG 法的核心，其他项目的 MEG 推导模式都是在此基础上扩展得到的。用毒理学资料估算 AMEG 的模式，见表 2.2。

表 2.2　估算 AMEG 的模式

项目	方　　法	公　　式
$AMEG_{AH}$	由阈限值或推荐值进行计算	$AMEG_{AH}$ = 阈限值 × $10^3/420$ $AMEG_{AH} = 0.107 \times LD_{50}$
$AMEG_{WH}$	以大鼠经口给毒的 LD_{50} 为依据，$AMEG_{WH}$ 即水环境中某化学物质的限定值，称水环境目标值	$AMEG_{WH} = 1.605 \times LD_{50}$
$AMEG_{WE}$	由 LC_{50} 推算得出	$AMEG_{WE} = 0.01 \times LC_{50}$

在推导 DMEG 值时，由于化学物质毒性资料之间存在着差异，应选用其中保守的数据。Handy 和 Schindler 用回归法研究了 241 种化学物质的阈限值与大鼠经口给毒的 LD_{50} 之间的关系，获得了从 LD_{50} 推算阈限值的回归方程。用毒理学资料估算 DMEG 的模式，见表 2.3。

表 2.3　估算 DMEG 的模式

项目	方　　法	公　　式
$DMEG_{AH}$	根据阈限值低或与 LD_{50} 较接近的毒理学数据	$DMEG_{AH} = 45 \times LD_{50}$ $DMEG_{AH} = 100 \times LC_{50}$
$DMEG_{WH}$	由 $DMEG_{WH}$、饮用水标准或 LD_{50} 推算	$DMEG_{WH}$ = 5 × 最低饮用水标准 $DMEG_{WH} = 15 \times DMEG_{AH}$ $DMEG_{WH} = 0.615 \times LD_{50}$
$DMEG_{WE}$	由 LD_{50}、水质基准值或水生生物 LC_{50} 推算得出	DMEGWE = 5 × 最严格的水质基准值 $DMEG_{WE} = 0.01 \times LC_{50}$

多介质环境目标值法是目前包括有机物种类最多的一种评价基准值，可以用

来评价水中有机物的环境安全性。

2.2 潜在危害指数法

潜在危害指数法是一种依据化合物对环境的潜在危害大小进行排序的方法。它利用统一模式的计算结果，能够快速、简便地筛选典型污染物，且具有一定科学性（宋利臣等，2010）。目前所应用的潜在危害指数法，是由美国环境保护局工业环境实验室研究建立的。

潜在危害指数法主要关注污染物对人和生物的毒理效应参数，通过数学运算手段来估计污染物潜在危害大小，进而进行排序和筛选（崔建升等，2009）。潜在危害指数的计算公式如下：

$$N = 2aa'A + 4bB \tag{2.1}$$

式中：N 为潜在危害指数；A 为某污染物 AMEG 的对应值；B 为潜在“三致”污染物的 AMEG 所对应的值；a、a'、b 为常数。

潜在危险指数越大，说明该污染物可能造成危害的可能性越大。

该种方法的优点在于可以有效地对缺少环境标准的复杂化合物进行筛选，及时找出主要污染物，且考虑了化合物的一般毒性、特殊毒性、累积性和慢性效应。但不足之处在于，忽略了化合物的环境暴露和环境归趋，在处理复杂混合物时，未考虑化合物的协同拮抗作用，也没有体现化合物在介质中的迁移扩散规律。

2.3 模糊综合评分法

模糊综合评分法是一种基于模糊数学的综合评价方法。该综合评价法根据模糊数学的隶属度理论，把定性评价转化为定量评价，通常用于对非概率意义上信息不精确的复杂系统进行全面评估或决策，并允许将各种参数集成到建模和评估过程中 (Zadeh，1996)。此外，模糊理论还具有允许数学算子进入模糊域 (Ma 和 Kremer，2015)，并在具有多准则的客观决策环境中提供综合评价的优点。数模糊综合评分模型通常由以下 5 个步骤建立。

（1）建立因子集：因子集用 U 表示，它是影响评价对象的各种指标的集合；

m 为影响指数个数。

$$U=\{u_1,\ u_2,\ \cdots,\ u_m\} \tag{2.2}$$

（2）建立评价集：评价集用 V 表示，它是评价人员对被评价对象的评价结果的集合；n 为评价标准等级。

$$V=\{v_1,\ v_2,\ \cdots,\ v_n\} \tag{2.3}$$

（3）建立模糊矩阵：模糊矩阵 R 是评价因子集中某一单一因子的集合，确定其在评价集中的隶属度。r_{ij} 表示第 i 种污染物的环境质量数值属于第 j 类评价标准的隶属度。m 代表评价因子数；n 代表评价标准级别。

$$R=(r_{ij})_{mn}=\begin{bmatrix} r_{11} & \cdots & r_{1n} \\ \vdots & \ddots & \vdots \\ r_{m1} & \cdots & r_{mn} \end{bmatrix} \tag{2.4}$$

（4）权重的确定：权重是模糊综合评价中的重要问题之一，它反映了各指标对评价对象的影响，权重的大小对评价结果会产生深远的影响。

（5）建立模糊综合评价模型：为了综合反映各指标的整体影响，可将权重 ω 和模糊矩阵 R 建立为模糊综合评价模型。

$$B=\omega\cdot R=[\omega_1,\ \omega_2,\ \cdots,\ \omega_n]\times\begin{bmatrix} r_{11} & \cdots & r_{1n} \\ \vdots & \ddots & \vdots \\ r_{m1} & \cdots & r_{mn} \end{bmatrix}=[b_1,\ b_2,\ \cdots,\ b_n] \tag{2.5}$$

模糊综合评分法作为一种较常用方法，能够定量和定性地评判由多方面因素决定的污染物，具有简单、易行、直观、有效的特点。但是，采取这种方法的筛选结果易受到专家学识水平和实践经验的限制（Zgheib et al.，2012）。

2.4　密切值法

密切值法适用于多目标决策，能够将指标确定为一个能综合反映污染物优先排序的单指标（薛文平等，2003）。密切值法主要分为以下 5 个主要步骤。

（1）建立指标矩阵。例如，待评估指标污染物数量有 n 个，每种污染物有 n 种指标，令第 i 个污染物第 j 个指标的数值为 a_{ij}，则可建立指标矩阵 A。

$$A=\begin{bmatrix} a_{11} & \cdots & a_{1n} \\ \vdots & \ddots & \vdots \\ a_{m1} & \cdots & a_{mn} \end{bmatrix}(i=1,\ 2,\ \cdots,\ m;\ j=1,\ 2,\ \cdots,\ n) \tag{2.6}$$

（2）指标矩阵规范化。考虑到指标有正向指标（指标值越大决策结果越优）和逆向指标（指标值越大决策结果越劣），为便于比较，对指标矩阵进行规范化处理。

$$a_{ij}=\begin{cases} \dfrac{a_{ij}}{\sqrt{\sum\limits_{j=1}^{n} a_{ij}^2}}，当 j 为正向指标时 \\ -\dfrac{a_{ij}}{\sqrt{\sum\limits_{j=1}^{n} a_{ij}^2}}，当 j 为负向指标时 \end{cases} \tag{2.7}$$

（3）“最优点”“最劣点”的选取。

$$a_j^+ = \max_{1\leqslant i\leqslant m}\{a_{ij}\} \tag{2.8}$$

$$a_j^- = \min_{1\leqslant i\leqslant m}\{a_{ij}\} \tag{2.9}$$

则“最优点”为 $A^+=\{a_1^+,\ a_2^+,\ \cdots\ a_n^+\}$，最劣点为 $A^-=\{a_1^-,\ a_2^-,\ \cdots\ a_n^-\}$。

（4）计算各评价单元与最优点和最劣点的密切程度。

$$d_i^+=\sqrt{\sum_{j}^{n}(a_{ij}-a_j)^2} \tag{2.10}$$

$$d_i^-=\sqrt{\sum_{j}^{n}(a_{ij}-a_j)^2} \tag{2.11}$$

（5）最优密切值和最劣密切值。

$$C_i^+=\frac{d_i^+}{\max\limits_{1\leqslant i\leqslant m}\{d_i^+\}}-\frac{d_i^-}{\max\limits_{1\leqslant i\leqslant m}\{d_i^-\}} \tag{2.12}$$

$$C_i^-=\frac{d_i^-}{\max\limits_{1\leqslant i\leqslant m}\{d_i^-\}}-\frac{d_i^+}{\max\limits_{1\leqslant i\leqslant m}\{d_i^+\}} \tag{2.13}$$

最优密切值 C_i^+ 反映决策点接近最优点的程度，而最劣密切值 C_i 反映决策点接近最劣点的程度，C_i^+ 值越小，C_i 值越大，决策方案越好。根据 C_i 值大小对决策方案进行排序。当 C_i^+ 和 C_i^- 排序不一致时，若决策点越靠近最优点，排序结果按 C_i^+ 进行排序；若决策点越靠近最劣点，排序结果按 C_i^- 进行排序。

密切值法每一参数意义明确，每一步骤意图明了，计算方法较为灵活，具有较强的可行性、合理性和实用性。此外，密切值法计算简单，计算量小，可处理的数据量大。但是，密切值法要考虑的因素较多，各指标间关系复杂，难以达到精确化和定量化。

2.5 Hasse 图解法

Hasse 图解法由 Halfon 和 Reggiani 于 1986 年首先提出，采用向量化方法描述污染物可能造成的危害性，并以结构框图的形式显示不同污染危害性的大小（Halfon et al.，1986）。近年来，Hasse 图解法在水体优先污染物筛选、水体残留农药预测和生态系统比较等领域已有应用（刘存等，2003）。

Hasse 图中污染物之间危害性的大小，是通过一对一比较污染物的生物累积性、迁移性和降解速率等因素指标进行确定的。Hasse 图中污染物是以数字圆圈符号来确定的，危害最大的污染物置于顶部，危害最小的污染物置于底部。当两种污染物各项因素相同时位置重合，污染物 1 各项因素都大于或等于污染物 2 时，两者之间通过箭头连接且箭头由 1 指向 2。当污染物 1 的部分因素大于污染物 2，同时部分因素小于污染物 2 时，则认为 1 和 2 之间存在矛盾，中间不存在连线。

图 2.1 为 Hasse 图的简化过程，从图中可以看出，Hasse 图解法最大的优点在于直观地表示出各种化合物相对危害性的大小，最大程度地展示不同指标之间的矛盾，使得危害性最高和最低的化合物处于最显著的位置，便于做出重点监测的决策。但是，Hasse 图解法的图谱绘制比较烦琐，容易出错。

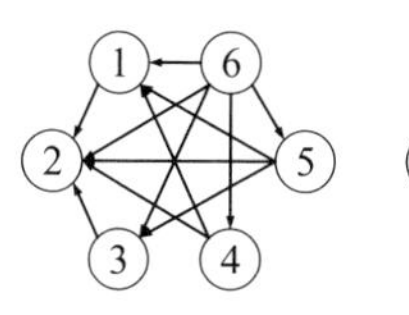

A. 初始排序图

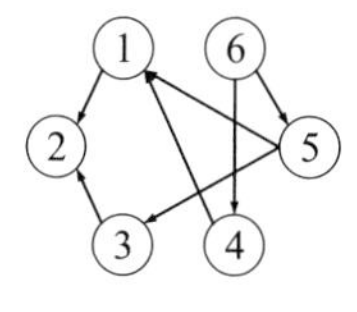

B. 简化排序图

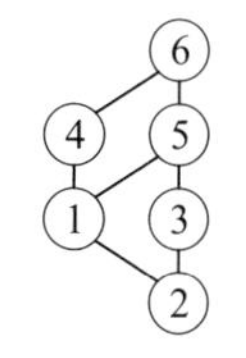

C. 简化排序图

图 2.1　Hasse 图简化过程

2.6 综合评分法

综合评分法采用打分的方式，以待选化合物的综合得分来排出先后次序，达到筛选的目的。进行综合评分时，首先选取多个单项指标，然后为各单项指标制定定量标准。对于某些不易定量描述的指标，通过设定标准的方式实现定量评价。最终通过参数分值叠加，得出污染物的总分值。同时，也可以通过专家打分的方式，通过加权计算得出评价结果（崔建升等，2009）。

综合评分法较为全面，且简单易行，但是不同污染物某些指标间存在矛盾的情况在总分值上得不到反映，或被忽略掩盖，某些参数的分级赋分较困难，不同的赋分范围及计算权重的确定往往具有一定的主观因素。多用在污染物种类较少，判定区域范围较小的情况（黄震，1995）。

2.7 对应分析法

对应分析法是一种几何分析方法，具有良好的解析原理。在同一标度的因子平面或空间里，临近的变量点，表示它们密切相关或来自同一源；临近的样本点，则表示它们密切相关或属于同一类；靠近样本点的变量点，表示这些变量对样本点具有造成、导致或其他某种关系，其相关程度可由它们之间的距离表示。

对应分析法具体计算步骤如下。

（1）假设有 n 个待评价污染物，每项污染物有 m 个待评价指标，则建立原始数据矩阵：

$$A=\begin{bmatrix} a_{11} & \cdots & a_{1m} \\ \vdots & \ddots & \vdots \\ a_{n1} & \cdots & a_{nm} \end{bmatrix} \tag{2.14}$$

之后，将矩阵 A 转化为概率矩阵 P，因此 P_{ij} 为 a_{ij} 出现的概率。

（2）从对应矩阵 P 出发，计算变量的协方差阵（考虑 R 型因子分析），把 P 矩阵中的 n 个行作为 p 维空间中的 n 个样品点。令 $Z=(z_{ij})_{m\times m}$，则变量间的协方差阵为

$$S_R = Z^T Z = (a_{ij})_{m\times m} \tag{2.15}$$

（3）从 P 出发，计算样品间的协方差阵（考虑 Q 型因子分析），用类似方法可得出 n 个样品间的协方差为

$$S_Q = ZZ^T = (b_{ij})_{n\times n} \tag{2.16}$$

（4）进行数据的对应变换。令 $Z = (z_{ij})_{n\times n}$，式 2.16 为从同时研究 R 型和 Q 型因子分析的角度导出的数据变换公式：

$$z_{ij} = \frac{p_{ij} - p_i p_j}{\sqrt{p_i p_j}} \tag{2.17}$$

式中：p_i 和 p_j 分别为矩阵 P 的行和与列和。

将原始数据矩阵 A 变换为 Z 矩阵之后，变量点和样品点的协方差阵分别为 $S_R = Z^T Z$ 和 $S_Q = ZZ^T$。这两个矩阵存在明显的简单对应关系，而将原始数据 a_{ij} 变换为 z_{ij} 后，z_{ij} 关于 i，j 是对等的，即 z_{ij} 对变量和样品是对等的。因此，可以把变量点和样品点同时放到反映同一因子轴所确定的平面上，根据接近程度对变量点和样品点同时进行分类。由分析对应的解析原理可知，在因子平面上围绕某种污染物的样本点检测越多，表明该污染成分就越具代表性。但是，该方法仍受到多指标作用影响，容易受数据及评分限制。

2.8　层次分析法

层次分析法是将与决策总是有关的元素分解成目标、准则、方案等层次，在此基础上进行定性和定量分析的决策方法。层次分析法主要步骤如下。

（1）构造判断矩阵。以 A 表示目标，u_i、u_j $(i，j = 1，2，\cdots，n)$ 表示因素。u_{ij} 表示 u_i 对 u_j 的相对重要性数值，并由 u_{ij} 组成 A–U 判断矩阵 P。

$$P = \begin{bmatrix} u_{11} & \cdots & u_{1n} \\ \vdots & \ddots & \vdots \\ u_{n1} & \cdots & u_{nn} \end{bmatrix} \tag{2.18}$$

（2）计算重要性排序。根据判断矩阵，求出其最大特征根 $\lambda_{\max}$ 所对应的特征向量 w 方程如下：

$$P_w = \lambda_{\max} w \tag{2.19}$$

所求特征向量 w 经归一化，即为各评价因素的重要性排序，也就是权重分配。

（3）一致性检验。以上得到的权重分配是否合理，还需要对判断矩阵进行一致性检验。检验使用公式：

$$CR=\frac{CI}{RI} \tag{2.20}$$

式中：CR 为判断矩阵的随机一致性比率；CI 为判断矩阵的一般一致性指标，由下式给出：

$$CI=\frac{\lambda_{\max}-n}{n-1} \tag{2.21}$$

RI 为判断矩阵的平均随机一致性指标，1 ~ 9 阶的判断矩阵的 RI 值，参见表 2.4。

表 2.4　平均随机一致性指标 RI 的值

n	1	2	3	4	5	6	7	8	9
RI	0	0	0.58	0.9	1.12	1.24	1.32	1.41	1.45

2013 年，朱菲菲等采用层次分析法结合加权评分法，以污染物的毒性效应和环境效应为评价指标，定量筛选了三氯乙烯、三氯甲烷、苯等 16 类 85 种我国地下水优先有机污染物。结果表明，污染物中有机氯化合物约占 50%，因此将有机氯农药类等持久性污染物作为优控污染物基本符合我国国情。

第 3 章　国家土壤环境质量监测指标筛选

2021 年 3 月 11 日，第十三届全国人民代表大会第四次会议表决通过了《关于〈国民经济和社会发展第十四个五年规划和 2035 年远景目标纲要〉的决议》。“十四五”是开启我国全面建设社会主义现代化新征程的开篇之作。土壤是构成环境的基本要素，是国家重要的自然资源，也是人类赖以生存的物质基础。2022 年 4 月 18 日，生态环境部部长黄润秋向第十三届全国人大常委会第三十四次会议作关于 2021 年度环境状况和环境保护目标完成情况的报告时表示，全国土壤环境风险得到基本管控，土壤污染加重趋势得到初步遏制；农用地土壤环境状况总体稳定，影响农用地土壤环境质量的主要污染物是重金属。这表明我国的土壤环境正在逐渐好转，而这正得益于我国目前发展中对环境的重视和我国土壤环境质量监测网络的建成。

土壤环境质量监测是指，对能够反映主要土壤环境质量状况的指标进行检测分析，以了解土壤环境状况及其发展趋势，通常包括布点、样品采集、样品处理、样品测定、评价等。为了切实加强土壤污染防治，逐步改善土壤环境质量，我国正逐步开展土壤环境监测工作。土壤环境质量监测，不仅能及时掌握土壤环境质量状况，还能掌握土壤环境质量的变化趋势，最终为土壤污染防治、环境保护及政府宏观决策，提供科学依据。

3.1　初选指标库

随着土壤污染程度的不断加剧，污染物种类和数量不断增多，土壤污染监测与管理正面临着严峻挑战（王文兴等，2005）。但是，土壤污染物种类繁多，如果对已知污染物进行全部监测，从经济方面和时间方面来看都是不切实际的。因而，如何从土壤环境监测涉及的众多污染物中，筛选出反映土壤环境质量现状的重点污染物，是亟待解决的关键科学问题（余璇等，2018）。

2016年，为了切实加强土壤污染防治，逐步改善土壤环境质量，国务院印发了《土壤污染防治行动计划》，又称《土十条》。其中，明确了建立国家土壤环境质量监测网络，开展例行监测工作，摸清土壤环境质量情况的任务。目前，国家土壤环境质量监测网络已经建成。自2016年运行至今，主要围绕污染物开展土壤监测和评价工作（封雪等，2019）。为提升土壤资源保护和利用水平，守住耕地红线、优化农业生产布局、确保国家粮食安全，2022年2月16日，国务院发布了《关于开展第三次全国土壤普查的通知》。自第二次全国土壤普查以来，约40年未开展土壤普查，原有的调查结果已很难满足现阶段土壤污染研究的需求。进行第三次全国土壤普查，不仅可以为我国土壤污染研究提供有力支撑和数据支持，更为我国建设农业农村现代化、全面推进乡村振兴、促进生态文明建设提供有力支撑。

土壤地球化学背景值与基准值研究，是地球科学领域重要基础性工作之一。土壤环境背景值是指，在不受或很少受人类活动影响和不受或很少受现代工业污染与破坏的情况下，土壤原来固有的化学组成和结构特征。进行地球化学背景值调查，不仅是合理指定土壤环境质量的参考依据，更为研究污染物在土壤中的运移提供保障。本书总结了我国和世界的土壤重金属背景值（表3.1），为建立土壤环境质量监测指标初选库提供依据。

表3.1　土壤重金属及常见指标背景值　　单位：(mg · kg^{-1})

指标	符号	中国		世界平均
		平均	标准差	
砷	As	11.20	7.86	5
镉	Cd	0.097	0.079	0.30
钴	Co	12.70	6.40	10
铬	Cr	61	31.07	80
铜	Cu	22.60	11.41	25
氟	F	478	197.70	400
汞	Hg	0.065	0.08	0.05
锰	Mn	583	362.80	530
镍	Ni	26.90	14.36	20
铅	Pb	26	12.37	17
硒	Se	0.29	0.255	0.30

续表

指标	符号	中　国		世界平均
		平均	标准差	
钒	V	82.40	32.68	90
锌	Zn	74.20	32.78	70
锂	Li	32.50	15.48	20
钠	Na	10200	0.626	10000
钾	K	18600	0.463	14000
铯	Cs	8.24	4.764	3
银	Ag	0.132	0.098	0.07
铍	Be	1.95	0.731	3
镁	Mg	7800	0.433	9000
钙	Ca	15400	1.633	14000
锶	Sr	167	147.60	240
钡	Ba	469	134.70	500
硼	B	47.80	32.55	30
铝	Al	66200	1.626	80000
镓	Ga	17.50	7.46	–
铟	In	0.068	0.032	0.07
铊	Tl	0.62	2.216	0.50
钪	Sc	11.10	3.54	12
钇	Y	22.90	7.63	20
镧	La	39.70	14.40	35
铈	Ce	68.40	23.48	65
镨	Pr	7.17	2.828	–
钕	Nd	26.40	8.65	–
钐	Sm	5.22	1.764	6.10
铕	Eu	1.03	0.328	–
钆	Gd	4.60	1.466	–
铽	Tb	0.63	0.26	–
镝	Dy	4.13	1.309	–
钬	Ho	0.87	0.279	–
铒	Er	2.54	0.813	–

续表

指标	符号	中国		世界平均
		平均	标准差	
铥	Tm	0.37	0.115	–
镱	Yb	2.44	0.786	3.30
镥	Lu	0.36	0.108	0.50
稀土总量	TR	187.60	58.60	–
铈组稀土	Ce’	143.20	41.46	–
钇组稀土	Y’	37.20	10.41	–
铀	U	3.03	1.312	2.70
锗	Ge	1.70	0.30	2.10
锡	Sn	2.60	1.54	4
钛	Ti	3800	0.113	4000
锆	Zr	256	105.40	230
铪	Hf	7.72	2.537	5
锑	Sb	1.21	0.676	0.50
铋	Bi	0.37	0.211	0.30
钽	Ta	1.151	0.415	1.10
碲	Te	0.035	0.025	0.006
钼	Mo	2	2.54	1.20
钨	W	2.48	1.219	1.50
溴	Br	5.40	6.247	10
碘	I	3.76	4.443	2
铁	Fe	29400	0.948	35000
pH	–	6.70	1.48	–
有机质	fz	3.10	3.30	–
粉砂	–	61.20	18.76	–
物理性黏粒	–	23.30	11.61	–
黏粒	–	17.60	11.67	–

统计国内外历次土壤大调查及土壤背景值调查所用到的污染指标，形成土壤环境质量监测初选指标库，如表 3.2 所示。

表 3.2　土壤环境质量监测初选指标库

土壤污染物类别	中文名	英文名	CAS 编号
金属元素	铜	Copper	7440-50-8
	金	Aurum	7440-57-5
	银	Argentum	7440-22-4
	锌	Zinc	7440-66-6
	钙	Calcium	7440-70-2
	铅	Lead	7439-92-1
	镍	Nickel	7440-02-0
	铬（三价）	Chromium，III	16065-83-1
	铬（六价）	Chromium，VI	18540-29-9
	镉	Cadmium	7440-43-9
	铯	Caesium	7440-46-2
	钴	Cobalt	7440-48-4
	镝	Dysprosium	7429-91-6
	锰	Manganese	7439-96-5
	汞	Mercury	7439-97-6
	钨	Tungsten	7440-33-7
	钒	Vanadium	1314-62-1
	钼	Molybdenum	7439-98-7
	锑	Antimony	7440-36-0
	镥	Lutetium	7439-94-3
	锂	Lithium	7439-93-2
	铍	Beryllium	7440-41-7
	铁	Iron	7439-89-6
	铕	Europium	7440-53-1
	铒	Erbium	7440-52-0
	钡	Barium	7440-39-3
	铈	Cerium	7440-45-1
	锗	Germanium	7440-56-4
	钆	Gadolinium	7440-54-2
	镓	Gallium	7440-55-3

续表

土壤污染物类别	中文名	英文名	CAS 编号
金属元素	铪	Hydrofluoric Acid	7440-58-6
	钬	Holmium	7440-60-0
	镧	Lanthanum	7439-91-0
	铷	Rubidium	7440-17-7
	钐	Samarium	7440-19-9
	钪	Scandium	7440-20-2
	铽	Terbium	7440-27-9
	钽	Tantalum	7440-25-7
	铊	Thallium	7440-28-0
	铥	Thulium	7440-30-4
	锶	Strontium	7440-24-6
	锡	Stannum	7440-31-5
	钍	Thorium	7440-29-1
	钕	Neodymium	7440-00-8
	铌	Niobium	7440-03-1
	钠	Natrium	7440-23-5
	镁	Magnesium	7439-95-4
	钛	Titanium	7440-32-6
	镱	Ytterbium	7440-64-4
	钇	Yttrium	7440-65-5
	锆	Zirconium	7440-67-7
	镨	Praseodymium	7440-10-0
	钾	Potassium	7440-9-7
	有效钾	Available Potassium	—
	总钾	Total Potassium	—
	铟	Indium	7440-74-6
	铀	Uranium	7440-61-1
	铋	Bismuth	7440-69-9
	有效钼	Available Molybdenum	—
	有效锰	Available Manganese	—

续表

土壤污染物类别	中文名	英文名	CAS 编号
金属元素	有效锌	Available Zinc	—
	有效汞	Available Mercury	—
	有效铜	Available Copper	—
	有效钒	Available Vanadium	—
	有效铁	Available Iron	—
	有效钴	Available Cobalt	—
	有效铬	Available Chromium	—
	有效镉	Available Cadmium	—
	有效镍	Available Nickel	—
	有效铅	Available Lead	—
	有机锡	organotin	77-58-7
非金属元素	砷	Arsenic	7440-38-2
	硼	Boron	7440-42-8
	碘	Iodine	12190-71-5
	溴	Dibromine	7726-95-6
	氟	Fluorine	7782-41-4
	氯	Chlorine	7782-50-5
	硫	Sulphur	63705-05-5
	硒	Selenium	7782-49-2
	碲	Tellurium	13494-80-9
	磷	Phosphorus	7723-14-0
	碳	Carbon	7740-44-0
	氮	Nitrogen	7727-37-9
	有效硼	Available Boron	—
	有效氟	Available Fluorine	—
	有效砷	Available Arsenic	—
	有效硒	Available Selenium	—
	有效氮	Available Nitrogen	—
	有效磷	Available Phosphorous	—
	总氮	Total Nitrogen	—
	总磷	Total Phosphorous	—

续表

土壤污染物类别	中文名	英文名	CAS 编号
氧化物	二氧化钛	Titanium Dioxide	13463-67-7
	二氧化硅	Silicon Dioxide	14808-60-7
	三氧化二铝	Aluminum Oxide	1344-28-1
	三氧化硫	Sulphur Trioxide	7446-11-9
	三氧化二铁	Iron (III) Oxide Monohydrate，Yellow	12259-21-1
	氧化钾	Dipotassium Oxide	12136-45-7
	氧化磷	Phosphorous Pentoxide	1314-56-3
	氧化钠	Sodium Oxide	1313-59-3
	氧化钙	Oxocalcium	1305-78-8
	氧化锰	Manganese Oxide	1317-34-6
	氧化镁	Magnesium Oxide	1309-48-4
六六六	α-六六六	Hexachloro Cyclohexane，α-(α-HCH)	319-84-6
	β-六六六	Hexachloro Cyclohexane，β-(β-HCH)	319-85-7
	γ-六六六	Hexachloro Cyclohexane，γ-(γ-HCH，Lindane)	58-89-9
	δ-六六六	δ -Hexachlorocyclohexane	319-86-8
滴滴涕	滴滴滴	p，p′-DDD	72-54-8
	滴滴伊	p，p′-DDE	72-55-9
	滴滴涕	o，p′-DDT	50-29-3
		p，p′- DDT	
挥发性有机物	氯乙烯	Vinyl Chloride	75-1-4
	1，1-二氯乙烯	1，1-Dichloroethene	75-35-4
	二氯甲烷	Methylene Chloride	75-9-2
	反-1，2-二氯乙烯	Trans-1，2-Dichloroethene	156-60-5
	1，1-二氯乙烷	1，1-Dichloroethane	75-34-3
	顺-1，2-二氯乙 烯	Cis-1，2-Dichloroethene	156-59-2
	氯仿	Chloroform	67-66-3
	1，1，1-三氯乙烷	1，1，1-Trichloroethane	71-55-6
	四氯化碳	Carbon Tetrachloride	56-23-5
	1，2-二氯乙烷	1，2-Dichloroethane	107-06-2
	苯	Benzene	71-43-2

续表

土壤污染物类别	中文名	英文名	CAS 编号
挥发性有机物	氟苯	Fluorobenzene	462–06–6
	三氯乙烯	Trichloroethene	1979/1/6
	1，2–二氯丙烷	1，2-Dichloropropane	78–87–5
	一溴二氯甲烷	Bromodichloromethane	75–27–4
	甲苯–D8	Toluene-d8	2037–26–5
	甲苯	Toluene	108–88–3
	1，1，2–三氯乙烷	1，1，2-Trichloroethane	79–00–5
	四氯乙烯	Tetrachloroethylene	127–18–4
	二溴一氯甲烷	Dibromochloromethane	124–48–1
	1，2–二溴乙烷	1，2-Dibromoethane	106–93–4
	氯苯–D5	Chlorobenzene-d5	3114–55–4
	氯苯	Chlorobenzene	108–90–7
	1，1，1，2–四氯乙烷	1，1，1，2-Tetrachloroethane	630–20–6
	1，1，2，2–四氯乙烷	1，1，2，2-Tetrachloroethane	79–34–5
	乙苯	Ethylbenzene	100–41–4
	对 – 二甲苯	p-Xylene	106–42–3
	间 – 二甲苯	m-Xylene	108–38–3
	邻 – 二甲苯	o-Xylene	95–47–6
	苯乙烯	Styrene	100–42–5
	溴仿	Bromoform	75–25–2
	4–溴氟苯	4-Bromofluorobenzene	460–00–4
	1，2，3–三氯丙 烷	1，2，3-Trichloropropane	96–18–4
	1，3，5–三甲基苯	1，3，5-Trimethylbenzene	108–67–8
	1，2，4–三甲基苯	1，2，4-Trimethylbenzene	95–63–6
	1，3–二氯苯	1，3-Dichlorobenzene	541–73–1
	1，4–二氯苯–D4	1，4-Dichlorobenzene-d4	3855–82–1
	1，4–二氯苯	1，4-Dichlorobenzene	106–46–7
	1，2–二氯苯	1，2-Dichlorobenzene	95–50–1
	1，2，4–三氯苯	1，2，4-Trichlorobenzene	120–82–1
	六氯丁二烯	Hexachlorobutadiene	87–68–3

续表

土壤污染物类别	中文名	英文名	CAS 编号
挥发性有机物	二氯二氟甲烷	Dichlorodifluoromethane	75-71-8
	敌稗	Propanil	709-98-8
	氯甲烷	Chloromethane	74-87-3
	溴甲烷	Bromomethane	74-83-9
	2，2，2-三氯乙醇	Dicofol	115-32-2
	三氯乙醛	Trichloroacetaldehyde	75-87-6
	氯乙烷	Chloroethane	75-00-3
	三氯甲烷	Trichloromethane	67-66-3
	三氯氟甲烷	Trichlorofluoromethane	75-69-4
	丙酮	Acetone	67-64-1
	碘甲烷	Iodo-methane	74-88-4
	二硫化碳	Carbon disulfide	75-15-0
	2，2-二氯丙烷	2，2-Dichloropropane	594-20-7
	2-丁酮	2-Butanone	78-93-3
	溴氯甲烷	Bromochloromethane	74-97-5
	二溴氟甲烷	Dibromofluoromethane	1868-53-7
	1，1-二氯丙烯	1，1-Dichloropropene	563-58-6
	顺-1，3-二氯丙烯	1，3-Dichloropropene	10061-01-5
	反-1，3-二氯丙烯	cis-1，3-Dichloropropene	542-75-6
	二溴甲烷	Dibromomethane	74-95-3
	4-甲基-2-戊酮	4-Methyl-2-Pentanone	108-10-1
	1，3-二氯丙烷	1，3-Dichloropropane	142-28-9
	2-己酮	2-Hexanone	591-78-6
	1，1，2-三氯丙烷	1，1，2-Trichloropropane	598-77-6
	异丙苯	Isopropylbenzene	98-82-8
	溴苯	Bromobenzene	108-86-1
	正丙苯	n-Propylbenzene	103-65-1
	2-氯甲苯	2-Chlorotoluene	95-49-8
	4-氯甲苯	4-Chlorotoluene	106-43-4
	叔丁基苯	Tert-Butylbenzene	98-6-6

续表

土壤污染物类别	中文名	英文名	CAS 编号
挥发性有机物	仲丁基苯	sec-Butylbenzene	135–98–8
	4- 异丙基甲苯	p-Isopropyltoluene	99–87–6
	正丁基苯	n-Butylbenzene	104–51–8
	1，2- 二溴 -3- 氯丙烷	1，2-Dibromo-3-Chloropropane	1996/12/8
	乙二醇	Ethylene glycol	107–21–1
	六氯苯	Hexachlorobenzene	118–74–1
	1，2，3- 三氯苯	1，2，3-Trichlorobenzene	87–61–6
二噁英类	2，3，7，8–四氯二苯并–对–二噁英类	2，3，7，8-Tetrachlorodibenzo-p-Dioxin	1746–01–6
	1，2，3，7，8–五氯二苯并–对–二噁英类	1，2，3，7，8-Pentachlorodibenzo-p-Dioxin	40321–76–4
	1，2，3，4，7，8–六氯二苯并–对–二噁英类	1，2，3，4，7，8-Hexachlorodibenzo-p-Dioxin	39227–28–6
	1，2，3，6，7，8–六氯二苯并–对–二噁英类	1，2，3，6，7，8-Hexachlorodibenzo-p-Dioxin	57653–85–7
	1，2，3，7，8，9–六氯二苯并–对–二噁英类	1，2，3，7，8，9-Hexachlorodibenzo-p-Dioxin	19408–74–3
	1，2，3，4，6，7，8–七氯二苯并–对–二噁英类	1，2，3，4，6，7，8-Heptachlorodibenzo-p-Dioxin	35822–46–9
	1，2，3，4，6，7，8，9–八氯二苯并–对–二噁英类	Octachlorooxanthrene	3268–87–9
	2，3，7，8–四氯二苯并呋喃	2，3，7，8-T4CDF	51207–31–9
	1，2，3，7，8–五氯二苯并呋喃	1，2，3，7，8-Pentachlorodibenzofuran	57117–41–6
	2，3，4，7，8–五氯二苯并呋喃	2，3，4，7，8-Pentachlorodibenzofuran	57117–31–4
	1，2，3，4，7，8–六氯二苯并呋喃	1，2，3，4，7，8-Hexachlorodibenzofuran	55684–94–1
	1，2，3，6，7，8–六氯二苯并呋喃	1，2，3，6，7，8-Hexachlorodiphenyleneoxide	57117–44–9
	1，2，3，7，8，9–六氯二苯并呋喃	1，2，3，7，8，9-H6CDF	72918–21–9

续表

土壤污染物类别	中文名	英文名	CAS 编号
二噁英类	2，3，4，6，7，8–六氯二苯并呋喃	2，3，4，6，7，8-H6CDF	60851–34–5
	1，2，3，4，6，7，8–七氯二苯并呋喃	1，2，3，4，6，7，8-Heptachlorodibenzofuran	38998–75–3
	1，2，3，4，7，8，9–七氯二苯并呋喃	1，2，3，6，7，8，9-Heptachlorodibenzofuran	55673–89–7
	1，2，3，4，6，7，8，9–八氯二苯并呋喃	1，2，3，4，6，7，8，9-Octachlorodibenzo[b，d] furan	39001–02–0
多环芳烃	萘	Naphthalene	91–20–3
	苊烯	Acenaphthene	208–96–8
	苊	Acenaphthene	83–32–9
	芴	Fluorene	86–73–7
	菲	Phenanthrene	85–1–8
	蒽	Anthracene	120–12–7
	荧蒽	Fluoranthene	206–44–0
	芘	Pyrene	129–00–0
	苯并 (a) 蒽	Benzo(a)anthracene	56–55–3
	䓛	Chrysene	218–01–9
	苯并 (b) 荧蒽	Benzo(b)fluoranthene	205–99–2
	苯并 (k) 荧蒽	Benzo(k)fluoranthene	207–08–9
	苯并 (a) 芘	Benzo(a)pyrene	50–32–8
	茚并 (1，2，3–cd) 芘	Indeno[1，2，3-cd]pyrene	193–39–5
	二苯并 (a，h) 蒽	Dibenzo(a，h)anthracene	53–70–3
	苯并 (g，h，i) 芘	Benzo[ghi]perylene	191–24–2
腈类化合物	丙烯腈	Acrylonitrile	107–13–1
	乙腈	Acetonitrile	1975/5/8
酚类化合物	苯酚	Phenol	108–95–2
	2–氯酚	2-Chlorophenol	95–57–8
	邻– 甲酚	2-Methylphenol	95–48–7
	对/间–甲酚	4-Methylphenol/3-Methylphenol	106–44–5 108–39–4
	2–硝基酚	2-Nitrophenol	88–75–5

续表

土壤污染物类别	中文名	英文名	CAS 编号
酚类化合物	2，4-二甲酚	2，4-Dimethylphenol	105-67-9
	2，4-二氯酚	2，4-Dichlorophenol	120-83-2
	2，6-二氯酚	2，6-Dichlorophenol	87-65-0
	4-氯-3- 甲酚	4-Chloro-3-methylphenol	35421-08-0
	2，4，6-三氯酚	2，4，6-Trichlorophenol	88-6-2
	2，4，5-三氯酚	2，4，5-Trichlorophenol	95-95-4
	2，4-二硝基酚	2，4-Dinitrophenol	51-28-5
	4-硝基酚	4-Nitrophenol	100-02-7
	2，3，4，6-四氯酚	2，3，4，6-Tetrachlorophenol	58-90-2
	2，3，4，5-四氯苯酚/ 2，3，5，6-四氯苯酚	2，3，4，5-Tetrachlorophenol/2，3，5，6-Tetra	4901-51-3
	2- 甲基-4，6-二硝基酚	2-Methyl-4，6-Dinitrophenol	534-52-1
	五氯苯酚	Pentachlorophenol	87-86-5
	2-(1-甲基-正丙基)-4，6-二硝基酚 (地乐酚)	2-sec-Butyl-4，6-Dinitrophenol	88-85-7
	2-环己基-4，6-二硝基酚	2-Cyclohexyl-4，6-Dinitrophenol	131-89-5
多氯联苯	2，4，4'-三氯联苯	2，4，4'-Trichlorobiphenyl	7012-37-5
	2，2'，5，5'-四氯联苯	2，2'，5，5'-Tetrachlorobiphenyl	35693-99-3
	2，2'，4，5，5'-五氯联苯	2，2'，4，5，5'-Pentachlorobiphenyl	37680-73-2
	3，4，4'，5-四氯联苯	3，4，4'，5-Tetrachlorobiphenyl	70362-50-4
	3，3'，4，4'-四氯联苯	3，3'，4，4'-Tetrachlorobiphenyl	32598-13-3
	2'，3，4，4'，5-五氯联苯	2'，3，4，4'，5-Pentachlorobiphenyl	65510-44-3
	2，3'，4，4'，5-五氯联苯	2，3'，4，4'，5-Pentachlorobiphenyl	31508-00-6
	2，3，4，4'，5-五氯联苯	2，3，4，4'，5-Pentachlorobiphenyl	74472-37-0
	2，2'，4，4'，5，5'-六氯联苯	2，2'，4，4'，5，5'- Hexachlorobiphenyl	35065-27-1
	2，3，3'，4，4'-五氯联苯	2，3，3'，4，4'- Pentachlorobiphenyl	32598-14-4

续表

土壤污染物类别	中文名	英文名	CAS 编号
多氯联苯	2，2'，3，4，4'，5'–六氯联苯	2，2'，3，4，4'，5' - Hexachlorobiphenyl	35065–28–2
	3，3'，4，4'，5–五氯联苯	3，3'，4，4'，5- Pentachlorobiphenyl	57465–28–8
	2，3'，4，4'，5，5'–六氯联苯	2，3'，4，4'，5，5' - Hexachlorobiphenyl	52663–72–6
	2，3，3'，4，4'，5'–六氯联苯	2，3，3'，4，4'，5 '- Hexachlorobiphenyl	38380–08–4
	2，3，3'，4，4'，5'–六氯联苯	2，3，3'，4，4'，5 '- Hexachlorobiphenyl	69782–90–7
	2，2'，3，4，4'，5，5'–七氯联苯	2，2'，3，4，4'，5，5' - Heptchlorobiphenyl	35065–29–3
	3，3'，4，4'，5，5'–六氯联苯	3，3'，4，4'，5，5' - Hexachlorobiphenyl	32774–16–6
	2，3，3'，4，4'，5，5'–七氯联苯	2，3，3'，4，4'，5，5' -Heptchlorobiphenyl	39635–31–9
有机化合物	毒鼠强	Tetramethylene Disulphotetramine	80–12–6
	毒杀芬	Toxaphene	8001–35–2
	莠去津	Atrazine	1912–24–9
	西玛津	Simazine	122–34–9
	丙烯酰胺	Acrylamide	79–06–1
	甲醇	Methanol	67–56–1
	甲醛	Formaldehyde	50–00–0
	草甘膦	Glyphosate	1071–83–6
	二嗪农	Diazinon	3347–22–6
	D–2，4–二氨基丁酸二盐酸盐	D-2，4-Diaminobutyric acid dihydrochlide	26908–94–1
	硫丹	Dndosulfan	115–29–7
	七氯	Heptachlor	76–44–8
	代森锰	Maneb	12427–38–2
	代森锌	Dithane z-78	12122–67–7
	异氰酸酯	Isocyanic Acid	75–13–8
	氯丹	Chlordane	57–74–9

续表

土壤污染物类别	中文名	英文名	CAS 编号
有机化合物	异狄氏剂	Endrin	72–20–8
	灭蚁灵	Mirex	2385–85–5
	狄氏剂	Dieldrin	60–57–1
	艾氏剂	Aldrin Metabolized to Dieldrin	309–00–2
	丙烯醛	Acrolein	107–02–8
硫酸盐	水溶性硫酸盐	Water-soluble Sulfate	—
	酸溶性硫酸盐	Acid-soluble Sulfate	—
邻苯二甲酸酯	邻苯二甲酸二异壬酯	Diisononyl Ortho-phthalate	68515–48–0
	邻苯二甲酸二（2–乙基己）酯	Bis (2-Ethylhexyl) Phthalate	117–81–7
	邻苯二甲酸二丁酯	Dibutyl Phthalate	84–74–2
	邻苯二甲酸二异癸酯	Diisodecyl Phthalate	26761–40–0
	邻苯二甲酸二异丁酯	Diisobutyl Phthalate	84–69–5
	邻苯二甲酸丁苄酯	Benzyl Butyl Phthalate	85–68–7
	邻苯二甲酸二辛酯	Dioctyl Phthalate	117–84–0
	邻苯二甲酸二异辛酯	Diisooctyl Phthalate	27554–26–3
	邻苯二甲酸二甲酯	Dimethyl Phthalate	131–11–3
	邻苯二甲酸二戊酯	Dipentyl Phthalate	131–18–0
	邻苯二甲酸二乙酯	Diethyl Phthalate	84–66–2
	邻苯二甲酸二环己酯	Dicyclohexyl Phthalate	84–61–7
	邻苯二甲酸二丙酯	Dipropyl Phthalate	131–16–8
	邻苯二甲酸二壬酯	Dinonyl Phthalate	84–76–4
	邻苯二甲酸二异丙酯	Diisopropyl Phthalate	605–45–8
	邻苯二甲酸二苄酯	Dibenzyl Phthalate	523–31–9
	邻苯二甲酸二苯酯	Diphenyl Phthalate	84–62–8
	邻苯二甲酸二己酯	Dihexyl Phthalate	84–75–3
	邻苯二甲酸二（2–甲氧基）乙酯	Bis (2-methoxyethyl) Phthalate	117–82–8
	邻苯二甲酸二烯丙酯	Diallyl Phthalate	131–17–9
	邻苯二甲酸辛癸酯	Octyl-decyl Phthalate	119–07–3

续表

土壤污染物类别	中文名	英文名	CAS 编号
邻苯二甲酸酯	邻苯二甲酸二癸酯	Didecyl Phthalate	84-77-5
	邻苯二甲酸二异戊酯	Diisopentyl Phthalate	605-50-5
石棉	温石棉	Chrysotile	12001-29-5
	铁石棉	Amosite	12172-73-5
	青石棉	Crocidolite	12001-28-4
	直闪石棉	Anthophyllite Asbestos	77536-67-5
	阳起石棉	Actinolite Asbestos	77536-66-4
	透闪石棉	Tremolite Asbestos	77536-68-6
其他	有机质	Organic Matter	—
	总有机质	Total Organic Matter Content	—
	粒径组成	—	—
	碳酸钙	$CaCO_3$	—
	密度	Density	—
	水分	Moisture Content	—
	氯离子	—	—
	盐度	Salinity	—
	硫酸根	SO_4^{2-}	—
	碳酸根	CO_3^{2-}	—
	极限氧气指数	Limited Oxygen Index	—
	氨氮	Ammonium Nitrogen	—
	亚硝酸盐氮	Nitrite Nitrogen	—
	硝酸盐氮	Nitrate Nitrogen	—
	氰化物	Cyanide	—
	可交换酸度	Exchangeable Acidity	—
	pH	Potential of Hydrogen	—
	CEC	Cation Exchange Capacity	—
	农药	Agricultural Chemical	—
	杀菌剂	Industrial Bactericide	—
	除草剂	Herbicide	—

3.2　指标初选

3.2.1　监测能力筛选

在由我国环保部门组织的全国土壤污染状况调查工作中，共设置土壤环境质量调查点 743 个，覆盖 27 个省、市。在调查中发现，当前我国的土壤环境质量监测质量水平较低，使得土壤环境质量监测中问题频繁发生，影响了土壤环境质量监测的工作质量（陈宁宁，2020）。

当前，我国土壤环境监测主要依靠遥感、物理化学、现代生物技术，在监测过程中伴随着关注度低、不具有新型污染物监测能力、土壤环境监测方法体系在国家统一的规划，以及管理能力不够、土壤监测技术缺乏独立性及应用手段目标准化程度不高（秦娟，2021），结果造成无法对初选指标库中所有指标进行监测。所以，本书首先按我国已经出台且在使用的各项土壤污染物监测规范中所提到的指标进行初步筛选，筛选出我国目前土壤监测能力所能支持的监测指标，形成候选指标库（表 3.3）。

表 3.3　土壤污染物监测规范表

土壤污染物类别	中文名	英文名	标准编号	检出限
金属元素	铜	Copper	HJ 491–2019	1 mg/kg
			HJ 803–2016	0.5 mg/kg (ECD)
				0.6 mg/kg (MD)
			HJ 804–2016	0.005 mg/kg
			GB T 17138–1997	1 mg/kg
			HJ 780–2015	1.2 mg/kg
	锌	Zinc	HJ 491–2019	1 mg/kg
			HJ 803–2016	7 mg/kg (ECD)
				1 mg/kg (MD)
			HJ 804–2016	0.04 mg/kg
			GB T 17138–1997	0.5 mg/kg
			HJ 780–2015	2.0 mg/kg

续表

土壤污染物类别	中文名	英文名	标准编号	检出限
金属元素	铅	Lead	HJ 491-2019	10 mg/kg
			GB T 17140-1997	0.2 mg/kg
			HJ 803-2016	2 mg/kg (ECD)
				2mg/kg (MD)
			HJ 804-2016	0.05 mg/kg
			GB T17141-1997	0.1 mg/kg
			HJ 780-2015	2.0 mg/kg
			GB 22105-2008	0.002 mg/kg
	镍	Nickel	HJ 491-2019	3 mg/kg
			HJ 803-2016	2 mg/kg (ECD)
				1 mg/kg (MD)
			HJ 804-2016	0.03 mg/kg
			HJ 780-2015	1.5 mg/kg
			GB T17139-1997	5 mg/kg
	铬（三价）	Chromium，III	HJ 491-2019	4 mg/kg
			HJ 803-2016	2 mg/kg (ECD)
				2 mg/kg (MD)
			HJ 780-2015	3.0 mg/kg
			HJ 491-2009 GB/T 17137-1997	5 mg/kg
	铬（六价）	Chromium，VI	HJ 1082-2019	0.5 mg/kg
	镉	Cadmium	GB T 17140-1997	0.05 mg/kg
			HJ 803-2016	0.07 mg/kg (ECD)
				0.09 mg/kg (MD)
			HJ 804-2016	0.007 mg/kg
			GB T17141-1997	0.01 mg/kg
	钴	Cobalt	HJ 803-2016	0.03 mg/kg (ECD)
				0.04 mg/kg (MD)
			HJ 804-2016	0.02 mg/kg
			HJ 780-2015	1.6 mg/kg

续表

土壤污染物类别	中文名	英文名	标准编号	检出限
金属元素	锰	Manganese	HJ 803–2016	0.7 mg/kg (ECD)
				0.4 mg/kg (MD)
			HJ 804–2016	0.02 mg/kg
			HJ 780–2015	10.0 mg/kg
	汞	Total mercury	GB 22105–2008 HJ 680–2013	0.002 mg/kg
			GB/T 17136–1997	0.005 mg/kg
	钒	Vanadium	HJ 803–2016	0.7 mg/kg (ECD)
				0.4 mg/kg (MD)
			HJ 780–2015	4.0 mg/kg
	钼	Molybdenum	HJ 803–2016	0.1 mg/kg (ECD)
				0.05 mg/kg (MD)
	锑	Antimony	HJ 803–2016	0.3 mg/kg (ECD)
				0.08 mg/kg (MD)
			HJ 680–2013	0.01 mg/kg
	铍	Total beryllium	HJ 737–2015	0.03 mg/kg
	铁	Iron	HJ 804–2016	0.04 mg/kg
	钡	Barium	HJ 780–2015	11.7 mg/kg
	铈	Cerium	HJ 780–2015	24.1 mg/kg
	镓	Gallium	HJ 780–2015	2.0 mg/kg
	铪	Hydrofluoric Acid	HJ 780–2015	1.7 mg/kg
	镧	Lanthanum	HJ 780–2015	10.6 mg/kg
	铷	Rubidium	HJ 780–2015	2.0 mg/kg
	钪	Scandium	HJ 780–2015	2.4 mg/kg
	锶	Strontium	HJ 780–2015	2.0 mg/kg
	钍	Thorium	HJ 780–2015	2.1 mg/kg
	钛	Titanium	HJ 780–2015	50.0 mg/kg
	钇	Yttrium	HJ 780–2015	1.0 mg/kg
	锆	Zirconium	HJ 780–2015	2.0 mg/kg
	铋	Bismuth	HJ 680–2013	0.01 mg/kg

续表

土壤污染物类别	中文名	英文名	标准编号	检出限
非金属元素	砷	Arsenic	GB T17134-1997	0.5 mg/kg
			HJ 803-2016	0.6 mg/kg (ECD)
				0.4 mg/kg (MD)
			GB 22105-2008	0.002 mg/kg
			HJ 780-2015	2.0 mg/kg
			HJ 680-2013	0.01 mg/kg
			GB/T 17135-1997	0.2 mg/kg
	溴	Dibromine	HJ 780-2015	1.0 mg/kg
	氯	Chlorine	HJ 780-2015	20.0 mg/kg
	硫	Sulphur	HJ 780-2015	30.0 mg/kg
	硒	Selenium	HJ 680-2013	0.01 mg/kg
	磷	Phosphorus	HJ 632-2011	10.0 mg/kg
			HJ 780-2015	10.0 mg/kg
			HJ 704-2014	0.5 mg/kg
	碳	Carbon	HJ 695-2014	0.008%
			HJ 658-2013	0.004%
			HJ 615-2011	0.06%
	氮	Total Nitrogen	HJ 717-2014	48 mg/kg
氧化物	二氧化硅	Silicon Dioxide	HJ 780-2015	0.27 mg/kg
	三氧化二铝	Aluminum Oxide	HJ 780-2015	0.07 mg/kg
	三氧化二铁	Iron (III) Oxide Monohydrate, Yellow	HJ 780-2015	0.05 mg/kg
	氧化钾	Dipotassium Oxide	HJ 780-2015	0.05 mg/kg
	氧化钠	Sodium Oxide	HJ 780-2015	0.05 mg/kg
	氧化钙	Oxocalcium	HJ 780-2015	0.09 mg/kg
	氧化镁	Magnesium Oxide	HJ 780-2015	0.05 mg/kg
六六六	α-六六六	Hexachloro Cyclohexane, α- (α-HCH)	GB T 14550-93	3.577×10^{-13}g
	β-六六六	Hexachloro Cyclohexane, β- (β-HCH)	GB T 14550-93	2.523×10^{-12}g

续表

土壤污染物类别	中文名	英文名	标准编号	检出限
六六六	γ–六六六	Hexachloro Cyclohexane，γ- (γ-HCH，Lindane)	GB T 14550–93	1.190×10^{-12}g
	δ–六六六	δ -Hexachlorocyclohexane	GB T 14550–93	9.770×10^{-13}g
滴滴涕	滴滴滴	p，p' -DDD	GB T 14550–93	5.572×10^{-12}g
	滴滴伊	p，p' -DDE	GB T 14550–93	1.756×10^{-12}g
	滴滴涕	o，p' -DDT	GB T 14550–93	6.690×10^{-12}g
		p，p' - DDT	GB T 14550–93	1.460×10^{-12}g
挥发性有机物	氯乙烯	Vinyl chloride	HJ 642–2013	1.5 μg/kg
			HJ 743–2015	0.02 mg/kg
			HJ 605–2011	1.0μg/kg
			HJ 735–2015	0.3μg/kg
			HJ 736–2015	2μg/kg
	1，1–二氯乙烯	1，1-Dichloroethene	HJ 642–2013	0.8 μg/kg
			HJ 743–2015	0.01 mg/kg
			HJ 605–2011	1.0μg/kg
			HJ 735–2015	0.3μg/kg
			HJ 736–2015	2μg/kg
	二氯甲烷	Methylene chloride	HJ 642–2013	2.6μg/kg
			HJ 743–2015	0.02 mg/kg
			HJ 605–2011	1.5μg/kg
			HJ 735–2015	0.3μg/kg
			HJ 736–2015	3μg/kg
	反–1，2–二氯乙烯	Trans-1，2-Dichloroethene	HJ 642–2013	0.9μg/kg
			HJ 743–2015	0.02 mg/kg
			HJ 605–2011	1.4μg/kg
			HJ 735–2015	0.3μg/kg
			HJ 736–2015	3μg/kg
	1，1–二氯乙烷	1，1-Dichloroethane	HJ 642–2013	1.6μg/kg
			HJ 743–2015	0.02 mg/kg

续表

土壤污染物类别	中文名	英文名	标准编号	检出限
挥发性有机物	1，1-二氯乙烷	1，1-Dichloroethane	HJ 605-2011	1.2μg/kg
			HJ 735-2015	0.3μg/kg
			HJ 736-2015	2μg/kg
	顺-1，2-二氯乙烯	Cis-1，2-Dichloroethene	HJ 642-2013	0.9μg/kg
			HJ 743-2015	0.008 mg/kg
			HJ 605-2011	1.3μg/kg
			HJ 735-2015	0.3μg/kg
			HJ 736-2015	3μg/kg
	氯仿	Chloroform	HJ 642-2013	1.5μg/kg
			HJ 743-2015	0.02 mg/kg
			HJ 605-2011	1.1μg/kg
			HJ 735-2015	0.3μg/kg
			HJ 736-2015	2μg/kg
	1，1，1-三氯乙烷	1，1，1-Trichloroethane	HJ 642-2013	1.1μg/kg
			HJ 743-2015	0.02 mg/kg
			HJ 605-2011	1.3μg/kg
			HJ 735-2015	0.3μg/kg
			HJ 736-2015	2μg/kg
	四氯化碳	Carbon Tetrachloride	HJ 642-2013	2.1μg/kg
			HJ 743-2015	0.03 mg/kg
			HJ 605-2011	1.3μg/kg
			HJ 735-2015	0.3μg/kg
	1，2-二氯乙烷	1，2-Dichloroethane	HJ 642-2013	1.3μg/kg
			HJ 743-2015	0.01 mg/kg
			HJ 605-2011	1.3μg/kg
			HJ 735-2015	0.3μg/kg
			HJ 736-2015	3μg/kg
	苯	Benzene	HJ 642-2013	1.6μg/kg
			HJ 743-2015	0.01 mg/kg

土壤污染物类别	中文名	英文名	标准编号	检出限
挥发性有机物	苯	Benzene	HJ 605–2011	1.9μg/kg
			HJ 743–2015	3.1μg/kg
	氟苯	Fluorobenzene	HJ 642–2013	—
			HJ 605–2011	—
	三氯乙烯	Trichloroethene	HJ 642–2013	0.9μg/kg
			HJ 743–2015	0.009 mg/kg
			HJ 605–2011	1.2μg/kg
			HJ 735–2015	0.3μg/kg
			HJ 736–2015	2μg/kg
	1，2–二氯丙烷	1，2-Dichloropropane	HJ 642–2013	1.9μg/kg
			HJ 743–2015	0.008 mg/kg
			HJ 605–2011	1.1μg/kg
			HJ 735–2015	0.3μg/kg
			HJ 736–2015	2μg/kg
	一溴二氯甲烷	Bromodichloromethane	HJ 642–2013	1.1μg/kg
			HJ 743–2015	0.03 mg/kg
			HJ 605–2011	1.1μg/kg
			HJ 735–2015	0.3μg/kg
			HJ 736–2015	3μg/kg
	甲苯–D8	Toluene-d8	HJ 642–2013	—
			HJ 605–2011	—
	甲苯	Toluene	HJ 642–2013	2.0μg/kg
			HJ 743–2015	0.006 mg/kg
			HJ 605–2011	1.3μg/kg
			HJ 743–2015	3.2μg/kg
	1，1，2–三氯乙烷	1，1，2-Trichloroethane	HJ 642–2013	1.4μg/kg
			HJ 743–2015	0.02 mg/kg
			HJ 605–2011	1.2μg/kg
			HJ 735–2015	0.3μg/kg
			HJ 736–2015	2μg/kg

续表

土壤污染物类别	中文名	英文名	标准编号	检出限
挥发性有机物	四氯乙烯	Tetrachloroethylene	HJ 642-2013	0.8μg/kg
			HJ 743-2015	0.02 mg/kg
			HJ 605-2011	1.4μg/kg
			HJ 735-2015	0.3μg/kg
			HJ 736-2015	2μg/kg
	二溴一氯甲烷	Dibromochloromethane	HJ 642-2013	0.9μg/kg
			HJ 743-2015	0.03 mg/kg
			HJ 605-2011	1.1μg/kg
			HJ 735-2015	0.3μg/kg
			HJ 736-2015	3μg/kg
	1，2-二溴乙烷	1，2-Dibromoethane	HJ 642-2013	1.5μg/kg
			HJ 743-2015	0.02 mg/kg
			HJ 605-2011	1.1μg/kg
			HJ 735-2015	0.4μg/kg
			HJ 736-2015	2μg/kg
	氯苯-D5	Chlorobenzene-d5	HJ 642-2013	—
			HJ 605-2011	—
	氯苯	Chlorobenzene	HJ 642-2013	1.1μg/kg
			HJ 743-2015	0.005 mg/kg
			HJ 605-2011	1.2μg/kg
			HJ 743-2015	3.9μg/kg
	1，1，1，2-四氯乙烷	1，1，1，2-Tetrachloroethane	HJ 642-2013	1.0μg/kg
			HJ 743-2015	0.02 mg/kg
			HJ 605-2011	1.2μg/kg
			HJ 735-2015	0.3μg/kg
			HJ 736-2015	3μg/kg
	1，1，2，2-四氯乙烷	1，1，2，2-Tetrachloroethane	HJ 642-2013	1.0μg/kg
			HJ 743-2015	0.02 mg/kg
			HJ 605-2011	1.2μg/kg
			HJ 735-2015	0.3μg/kg
			HJ 736-2015	3μg/kg

续表

土壤污染物类别	中文名	英文名	标准编号	检出限
挥发性有机物	乙苯	Ethylbenzene	HJ 642–2013	1.2μg/kg
			HJ 743–2015	0.006 mg/kg
			HJ 605–2011	1.2μg/kg
	对–二甲苯	p-Xylene	HJ 605–2011	1.2μg/kg
			HJ 743–2015	3.5μg/kg
			HJ 642–2013	3.6μg/kg
			HJ 743–2015	0.009 mg/kg
	间–二甲苯	m-Xylene	HJ 605–2011	1.2μg/kg
			HJ 743–2015	4.4μg/kg
			HJ 642–2013	3.6μg/kg
			HJ 743–2015	0.009 mg/kg
	邻–二甲苯	o-Xylene	HJ 605–2011	1.2μg/kg
			HJ 743–2015	4.7μg/kg
			HJ 642–2013	1.3μg/kg
			HJ 743–2015	0.02 mg/kg
	苯乙烯	Styrene	HJ 642–2013	1.6μg/kg
			HJ 743–2015	0.02 mg/kg
			HJ 605–2011	1.1μg/kg
			HJ 743–2015	3.0μg/kg
	溴仿	Bromoform	HJ 642–2013	1.7μg/kg
			HJ 743–2015	0.03 mg/kg
			HJ 605–2011	1.5μg/kg
			HJ 735–2015	0.3μg/kg
			HJ 736–2015	3μg/kg
	4–溴氟苯	4-Bromofluorobenzene	HJ 642–2013	—
			HJ 605–2011	—
	1，2，3–三氯丙烷	1，2，3-Trichloropropane	HJ 642–2013	1.0μg/kg
			HJ 743–2015	0.02 mg/kg
			HJ 605–2011	1.2μg/kg
			HJ 735–2015	0.3μg/kg
			HJ 736–2015	3μg/kg

续表

土壤污染物类别	中文名	英文名	标准编号	检出限
挥发性有机物	1，3，5–三甲基苯	1，3，5-Trimethylbenzene	HJ 642–2013	1.5μg/kg
			HJ 743–2015	0.007 mg/kg
			HJ 605–2011	1.4μg/kg
	1，2，4–三甲基苯	1，2，4-Trimethylbenzene	HJ 642–2013	1.5μg/kg
			HJ 743–2015	0.008 mg/kg
			HJ 605–2011	1.3μg/kg
	1，3–二氯苯	1，3-Dichlorobenzene	HJ 642–2013	1.1μg/kg
			HJ 743–2015	0.007 mg/kg
			HJ 605–2011	1.5μg/kg
			HJ 743–2015	3.4μg/kg
	1，4–二氯苯–D4	1，4-Dichlorobenzene-d4	HJ 642–2013	—
			HJ 605–2011	—
	1，4–二氯苯	1，4-Dichlorobenzene	HJ 642–2013	1.2μg/kg
			HJ 743–2015	0.008 mg/kg
			HJ 605–2011	1.5μg/kg
			HJ 743–2015	4.3μg/kg
	1，2–二氯苯	1，2-Dichlorobenzene	HJ 642–2013	1.0μg/kg
			HJ 743–2015	0.02 mg/kg
			HJ 605–2011	1.5μg/kg
			HJ 743–2015	3.6μg/kg
	1，2，4–三氯苯	1，2，4-Trichlorobenzene	HJ 642–2013	0.8μg/kg
			HJ 743–2015	0.005 mg/kg
			HJ 605–2011	0.3μg/kg
	六氯丁二烯	Hexachlorobutadiene	HJ 642–2013	1.0μg/kg
			HJ 743–2015	0.02 mg/kg
			HJ 605–2011	1.6μg/kg
			HJ 735–2015	0.3μg/kg
			HJ 736–2015	2μg/kg

续表

土壤污染物类别	中文名	英文名	标准编号	检出限
挥发性有机物	二氯二氟甲烷	Dichlorodifluoromethane	HJ 605–2011	0.4μg/kg
			HJ 735–2015	0.3μg/kg
			HJ 736–2015	3μg/kg
	氯甲烷	Chloromethane	HJ 605–2011	1.0μg/kg
			HJ 735–2015	0.3μg/kg
			HJ 736–2015	3μg/kg
	溴甲烷	Bromomethane	HJ 605–2011	1.1μg/kg
			HJ 735–2015	0.3μg/kg
			HJ 736–2015	3μg/kg
	氯乙烷	Chloroethane	HJ 605–2011	0.8μg/kg
			HJ 735–2015	0.3μg/kg
			HJ 736–2015	2μg/kg
	三氯氟甲烷	Trichlorofluoromethane	HJ 605–2011	1.1μg/kg
			HJ 735–2015	0.3μg/kg
			HJ 736–2015	2μg/kg
	丙酮	Acetone	HJ 605–2011	1.3μg/kg
	碘甲烷	iodo-Methane	HJ 605–2011	1.1μg/kg
	二硫化碳	Carbon Disulfide	HJ 605–2011	1.0μg/kg
	2，2–二氯丙烷	2，2-Dichloropropane	HJ 605–2011	1.3μg/kg
			HJ 735–2015	0.3μg/kg
			HJ 736–2015	2μg/kg
	2–丁酮	2-Butanone	HJ 605–2011	3.2μg/kg
	溴氯甲烷	Bromochloromethane	HJ 605–2011	1.4μg/kg
			HJ 735–2015	0.3μg/kg
			HJ 736–2015	3μg/kg
	二溴氟甲烷	Dibromofluoromethane	HJ 605–2011	—
	1，1–二氯丙烯	1，1-Dichloropropene	HJ 605–2011	1.2μg/kg
			HJ 735–2015	0.3μg/kg
			HJ 736–2015	2μg/kg

续表

土壤污染物类别	中文名	英文名	标准编号	检出限
挥发性有机物	顺-1，3-二氯丙烯	1，3-Dichloropropene	HJ 735-2015	0.3μg/kg
			HJ 736-2015	2μg/kg
	反-1，3-二氯丙烯	cis-1，3-Dichloropropene	HJ 735-2015	0.3μg/kg
			HJ 736-2015	2μg/kg
	二溴甲烷	Dibromomethane	HJ 605-2011	1.2μg/kg
			HJ 735-2015	0.3μg/kg
			HJ 736-2015	2μg/kg
	4- 甲基-2-戊酮	4-Methyl-2-Pentanone	HJ 605-2011	1.8μg/kg
	1，3-二氯丙烷	1，3-Dichloropropane	HJ 605-2011	1.1μg/kg
			HJ 735-2015	0.3μg/kg
			HJ 736-2015	3μg/kg
	2- 己酮	2-Hexanone	HJ 605-2011	3.0μg/kg
	1，1，2-三氯丙烷	1，1，2-Trichloropropane	HJ 605-2011	1.2μg/kg
	异丙苯	Isopropylbenzene	HJ 605-2011	1.2μg/kg
			HJ 743-2015	3.4μg/kg
	溴苯	Bromobenzene	HJ 605-2011	1.3μg/kg
	正丙苯	n-Propylbenzene	HJ 605-2011	1.2μg/kg
	2-氯甲苯	2-Chlorotoluene	HJ 605-2011	1.3μg/kg
	4-氯甲苯	4-Chlorotoluene	HJ 605-2011	1.3μg/kg
	叔丁基苯	tert-Butylbenzene	HJ 605-2011	1.2μg/kg
	仲丁基苯	sec-Butylbenzene	HJ 605-2011	1.1μg/kg
	4-异丙基甲苯	p-Isopropyltoluene	HJ 605-2011	1.3μg/kg
	正丁基苯	n-Butylbenzene	HJ 605-2011	1.7μg/kg
	1，2-二溴-3-氯丙烷	1，2-Dibromo-3-Chloropropane	HJ 605-2011	1.9μg/kg
			HJ 735-2015	0.3μg/kg
			HJ 736-2015	3μg/kg
	1，2，3-三氯苯	1，2，3-Trichlorobenzene	HJ 605-2011	0.2μg/kg
二噁英类	2，3，7，8-四氯二苯并-对-二噁英类	2，3，7，8-Tetrachlorodibenzo-p-Dioxin	HJ 650-2013 HJ 77.4-2008	0.3 ng/kg
	1，2，3，7，8-五氯二苯并-对-二噁英类	1，2，3，7，8-Pentachlorodibenzo-p-Dioxin	HJ 650-2013 HJ 77.4-2008	0.5 ng/kg

续表

土壤污染物类别	中文名	英文名	标准编号	检出限
二噁英类	1，2，3，4，7，8–六氯二苯并–对–二噁英类	1，2，3，4，7，8-Hexachlorodibenzo-p-Dioxin	HJ 650–2013 HJ 77.4–2008	0.6 ng/kg
	1，2，3，6，7，8–六氯二苯并–对–二噁英类	1，2，3，6，7，8-Hexachlorodibenzo-p-Dioxin	HJ 650–2013 HJ 77.4–2008	0.6 ng/kg
	1，2，3，7，8，9–六氯二苯并–对–二噁英类	1，2，3，7，8，9-Hexachlorodibenzo-p-Dioxin	HJ 650–2013 HJ 77.4–2008	0.6 ng/kg
	1，2，3，4，6，7，8–七氯二苯并–对–二噁英类	1，2，3，4，6，7，8-Heptachlorodibenzo-p-Dioxin	HJ 650–2013 HJ 77.4–2008	1.2 ng/kg
	1，2，3，4，6，7，8，9–八氯二苯并–对–二噁英类	Octachlorooxanthrene	HJ 650–2013 HJ 77.4–2008	1.7 ng/kg
	2，3，7，8–四氯二苯并呋喃	2，3，7，8-T4CDF	HJ 650–2013 HJ 77.4–2008	0.2 ng/kg
	1，2，3，7，8–五氯二苯并呋喃	1，2，3，7，8-Pentachlorodibenzofuran	HJ 650–2013 HJ 77.4–2008	0.3 ng/kg
	2，3，4，7，8–五氯二苯并呋喃	2，3，4，7，8-Pentachlorodibenzofuran	HJ 650–2013 HJ 77.4–2008	0.3 ng/kg
	1，2，3，4，7，8–六氯二苯并呋喃	1，2，3，4，7，8-Hexachlorodibenzofuran	HJ 650–2013 HJ 77.4–2008	0.4 ng/kg
	1，2，3，6，7，8–六氯二苯并呋喃	1，2，3，6，7，8-Hexachlorodiphenyleneoxide	HJ 650–2013 HJ 77.4–2008	0.4 ng/kg
	1，2，3，7，8，9–六氯二苯并呋喃	1，2，3，7，8，9-H6CDF	HJ 650–2013 HJ 77.4–2008	0.4 ng/kg
	2，3，4，6，7，8–六氯二苯并呋喃	2，3，4，6，7，8-H6CDF	HJ 650–2013 HJ 77.4–2008	0.4 ng/kg
	1，2，3，4，6，7，8–七氯二苯并呋喃	1，2，3，4，6，7，8-Heptachlorodibenzofuran	HJ 650–2013 HJ 77.4–2008	1.4 ng/kg
	1，2，3，4，7，8，9–七氯二苯并呋喃	1，2，3，6，7，8，9-Heptachlorodibenzofuran	HJ 650–2013 HJ 77.4–2008	1.4 ng/kg
	1，2，3，4，6，7，8，9–八氯二苯并呋喃	1，2，3，4，6，7，8，9-Octachlorodibenzo [b，d] furan	HJ 650–2013 HJ 77.4–2008	1.4 ng/kg

续表

土壤污染物类别	中文名	英文名	标准编号	检出限
多环芳烃	萘	Naphthalene	HJ 805–2016	0.09 mg/kg
			HJ 605–2011	0.4μg/kg
			HJ 743–2015	0.007 mg/kg
	苊烯	Acenaphthene	HJ 805–2016	0.09 mg/kg
	苊	Acenaphthene	HJ 805–2016	0. 12 mg/kg
	芴	Fluorene	HJ 805–2016	0.08 mg/kg
	菲	Phenanthrene	HJ 805–2016	0. 10 mg/kg
	蒽	Anthracene	HJ 805–2016	0. 12 mg/kg
	荧蒽	Fluoranthene	HJ 805–2016	0. 14 mg/kg
	芘	Pyrene	HJ 805–2016	0. 13 mg/kg
	苯并（a）蒽	Benzo (a) anthracene	HJ 805–2016	0. 12 mg/kg
	䓛	Chrysene	HJ 805–2016	0. 14 mg/kg
	苯并（b）荧蒽	Benzo (b) fluoranthene	HJ 805–2016	0. 17 mg/kg
	苯并（k）荧蒽	Benzo (k) fluoranthene	HJ 805–2016	0. 11 mg/kg
	苯并（a）芘	Benzo (a) pyrene	HJ 805–2016	0. 17 mg/kg
	茚并（1，2，3–cd）芘	Indeno [1，2，3-cd] pyrene	HJ 805–2016	0. 13 mg/kg
	二苯并（a，h）蒽	Dibenzo (a，h) anthracene	HJ 805–2016	0. 13 mg/kg
	苯并（g，h，i）苝	Benzo [ghi] perylene	HJ 805–2016	0. 12 mg/kg
腈类化合物	丙烯腈	Acrylonitrile	HJ 679–2013	0.3mg/kg
	乙腈	Acetonitrile	HJ 679–2013	0.3mg/kg
酚类化合物	苯酚	Phenol	HJ 703–2014	0.04 mg/kg
	2–氯酚	2-Chlorophenol	HJ 703–2014	0.04 mg/kg
	邻– 甲酚	2-Methylphenol	HJ 703–2014	0.02 mg/kg
	对/间– 甲酚	4-Methylphenol/3-Methylphenol	HJ 703–2014	0.02 mg/kg
	2–硝基酚	2-Nitrophenol	HJ 703–2014	0.02 mg/kg
	2，4–二甲酚	2，4-Dimethylphenol	HJ 703–2014	0.02 mg/kg
	2，4–二氯酚	2，4-Dichlorophenol	HJ 703–2014	0.03 mg/kg
	2，6–二氯酚	2，6-Dichlorophenol	HJ 703–2014	0.03 mg/kg
	4–氯–3–甲酚	4-Chloro-3-Methylphenol	HJ 703–2014	0.02 mg/kg

续表

土壤污染物类别	中文名	英文名	标准编号	检出限
酚类化合物	2，4，6–三氯酚	2，4，6-Trichlorophenol	HJ 703–2014	0.03 mg/kg
	2，4，5–三氯酚	2，4，5-Trichlorophenol	HJ 703–2014	0.03 mg/kg
	2，4–二硝基酚	2，4-Dinitrophenol	HJ 703–2014	0.08 mg/kg
	4–硝基酚	4-Nitrophenol	HJ 703–2014	0.04 mg/kg
	2，3，4，6–四氯酚	2，3，4，6-Tetrachlorophenol	HJ 703–2014	0.02 mg/kg
	2，3，4，5–四氯苯酚/2，3，5，6–四氯苯酚	2，3，4，5-Tetrachlorophenol/2，3，5，6-Tetra	HJ 703–2014	0.03 mg/kg
	2– 甲基–4，6–二硝基酚	2-Methyl-4，6-Dinitrophenol	HJ 703–2014	0.03 mg/kg
	五氯酚	Pentachlorophenol	HJ 703–2014	0.07 mg/kg
	2–(1–甲基–正丙基)–4，6–二硝基酚 (地乐酚)	2-sec-butyl-4，6-Dinitrophenol	HJ 703–2014	0.02 mg/kg
	2–环己基–4，6–二硝基酚	2-Cyclohexyl-4，6-Dinitrophenol	HJ 703–2014	0.02 mg/kg
多氯联苯	2，4，4'–三氯联苯	2，4，4'-Trichlorobiphenyl	HJ 743–2015	0.4μg/kg
	2，2'，5，5'–四氯联苯	2，2'，5，5'-Tetrachlorobiphenyl	HJ 743–2015	0.4μg/kg
	2，2'，4，5，5'–五氯联苯	2，2'，4，5，5' -Pentachlorobiphenyl	HJ 743–2015	0.6μg/kg
	3，4，4'，5–四氯联苯	3，4，4'，5-Tetrachlorobiphenyl	HJ 743–2015	0.5μg/kg
	3，3'，4，4'–四氯联苯	3，3'，4，4'-Tetrachlorobiphenyl	HJ 743–2015	0.5μg/kg
	2'，3，4，4'，5–五氯联苯	2'，3，4，4'，5-Pentachlorobiphenyl	HJ 743–2015	0.5μg/kg
	2，3'，4，4'，5–五氯联苯	2，3'，4，4'，5-Pentachlorobiphenyl	HJ 743–2015	0.6μg/kg
	2，3，4，4'，5–五氯联苯	2，3，4，4'，5-Pentachlorobiphenyl	HJ 743–2015	0.5μg/kg
	2，2'，4，4'，5，5'–六氯联苯	2，2'，4，4'，5，5'-Hexachlorobiphenyl	HJ 743–2015	0.6μg/kg
	2，3，3'，4，4'–五氯联苯	2，3，3'，4，4'-Pentachlorobiphenyl	HJ 743–2015	0.4μg/kg

续表

土壤污染物类别	中文名	英文名	标准编号	检出限
多氯联苯	2，2’，3，4，4’，5’–六氯联苯	2，2’，3，4，4’，5’-Hexachlorobiphenyl	HJ 743–2015	0.4μg/kg
	3，3’，4，4’，5–五氯联苯	3，3’，4，4’，5- Pentachlorobiphenyl	HJ 743–2015	0.5μg/kg
	2，3’，4，4’，5，5’–六氯联苯	2，3’，4，4’，5，5’-Hexachlorobiphenyl	HJ 743–2015	0.4μg/kg
	2，3，3’，4，4’，5’–六氯联苯	2，3，3’，4，4’，5’-Hexachlorobiphenyl	HJ 743–2015	0.4μg/kg
	2，3，3’，4，4’，5’–六氯联苯	2，3，3’，4，4’，5 ‘-Hexachlorobiphenyl	HJ 743–2015	0.4μg/kg
	2，2’，3，4，4’，5，5’–七氯联苯	2，2’，3，4，4’，5，5’-Heptchlorobiphenyl	HJ 743–2015	0.6μg/kg
	3，3’，4，4’，5，5’–六氯联苯	3，3’，4，4’，5，5’-Hexachlorobiphenyl	HJ 743–2015	0.5μg/kg
	2，3，3’，4，4’，5，5’–七氯联苯	2，3，3’，4，4’，5，5’-Heptchlorobiphenyl	HJ 743–2015	0.4μg/kg
其他有机化合物	毒鼠强	Tetramethylene Disulphotetramine	HJ 614–2011	3.5μg/kg
	丙烯醛	Acrolein	HJ 679–2013	0.4mg/kg

3.2.2 调查频率

我国以往开展过多次全国性或区域性的土壤环境质量调查。1958 年至 1960 年，进行了第一次全面土壤调查。调查是在农业土壤上进行的，目的是研究土壤肥力和指导农业生产。第一次土壤调查总共 13 个化学和物理参数（pH、TOC、TN、有效磷、有效钾、$CaCO_3$、石灰需求量、密度、水分、Cl^-、盐度、SO_4^{2-} 和 CO_3^{2-} 或 HCO_3^-）。

1979 年，进行了第二次全国土壤调查。第二次土壤普查由土壤与肥料站、中国科学院南京土壤研究所、中国农业科学院土壤与肥料研究所联合组织。截至 1990 年，完成了 2600 个县的土壤调查报告和土壤图（席承藩等，1994）。除了土壤实地观察和描述外，在第二次土壤普查中还确定了具体参数，包括化学成分、土壤性质、土壤养分状况和微量元素状况。1992 年，根据第二次土壤普查资料，建立了土壤分类体系。该分类系统包含 12 个土壤目、27 个亚目、61 个土壤类型和 230 个亚类（中国土壤调查办公室，1992）。通过第二次土壤普查，土壤分析和监测技术有了很大提高（Tang，1989；Zhang et al.，2008）。2022 年，开展第三次全国土壤普查，普查内容为土壤性状、类型、立地条件、利用状况等，预计 2025 年完成普查，建成土壤普查数据库与样品库，形成全国耕地质量报告和全国土壤利用适宜性评价报告。

除此之外，我国还进行了省份或地区土壤调查。如 1953—1958 年，水利部淮河委组织了淮北平原土壤调查。在这次调查的基础上，1963 年安徽省水利局、中国科学院土壤研究所进行了补充调查。1955—1957 年，在包括河北、山东、山西和内蒙古在内的黄河平原北部进行了 13.2 万平方千米的土壤调查（Zhao，1992）。1956—1959 年，中国科学院组织 10 所高校和科研院所对我国西北干旱区（甘肃、新疆、青海、内蒙古）进行了综合考察。通过调查，形成了农业、水文、地理和生物研究报告。1958 年，农垦部在黑龙江省佳木斯地区进行土地测量和土壤调查。1959—1960 年，对海南岛进行了土壤调查。

本书统计了以往开展的全国性或区域性的土壤环境质量调查统计情况，如表 3.4 所示。

表 3.4　中国以往开展的全国性或区域性的土壤环境质量调查统计情况

指标	1[a]	2[b]	3[c]	4[d]	5[e]	6[f]	7[g]	8[h]	9[i]	10[j]	11[k]	12[l]	13[m]	频率
pH	√	√				√	√	√	√		√		√	8
CEC		√							√		√		√	4
有机质								√	√					2
总有机质	√	√				√	√	√					√	6
粒径组成									√					1
TN	√							√	√					3
TP		√						√	√					3
TK		√												1
有效氮		√							√					2
有效磷	√													1
有效钾	√													1

续表

指标	1[a]	2[b]	3[c]	4[d]	5[e]	6[f]	7[g]	8[h]	9[i]	10[j]	11[k]	12[l]	13[m]	频率
$CaCO_3$	√						√							2
密度	√													1
水分	√	√												2
Cl^-	√					√		√						3
盐度	√													1
硫酸根	√													1
CO_3^{2-}	√													1
SiO_2		√						√						2
Al_2O_3		√						√						2
Fe_2O_3		√						√						2
TiO_2		√												1
MnO		√												1
CaO		√						√						2
MgO		√						√						2
K_2O		√						√						2
Na_2O		√						√						2
P_2O_5		√												1
SO_3		√												1
LOI		√												1
B		√	√			√		√	√					5
Mo		√	√			√		√						4
Mn		√	√			√		√	√				√	6
Zn		√	√	√	√	√		√	√	√		√	√	10
Cu		√	√	√	√	√	√	√	√	√		√	√	11
Al						√			√					2
Fe		√				√			√					3
有效硼		√												1
有效钼		√												1
有效锰		√							√					2

续表

指标	1[a]	2[b]	3[c]	4[d]	5[e]	6[f]	7[g]	8[h]	9[i]	10[j]	11[k]	12[l]	13[m]	频率
有效锌		√							√					2
有效汞									√					1
有效铜		√							√					2
有效氟									√					1
有效铁		√												1
有效钴									√					1
有效铬									√					1
有效镉									√					1
有效砷									√					1
有效镍									√					1
有效铅									√					1
有效硒									√					1
有效钒									√					1
As			√	√	√	√	√	√	√	√	√	√	√	11
Be			√			√		√	√					4
Cd			√	√	√	√	√	√	√	√	√	√	√	11
Ce								√						1
Co			√			√		√	√				√	4
Cr			√	√	√	√		√	√	√	√	√	√	10
Hg			√	√	√	√		√	√	√	√	√	√	10
La			√			√		√	√					4
Ni			√	√	√	√		√	√	√		√	√	9
Pb			√	√	√	√	√	√	√	√	√	√	√	11
Sc			√											1
Se			√											1
Ti			√											1
F						√		√	√					3
Ag						√		√	√				√	4
Au								√						1

续表

指标	1[a]	2[b]	3[c]	4[d]	5[e]	6[f]	7[g]	8[h]	9[i]	10[j]	11[k]	12[l]	13[m]	频率
Ba						√		√	√					3
Bi						√		√	√					3
Br						√		√	√					3
Ca						√			√					2
Ce						√		√	√					2
Cs						√			√					2
Dy						√			√					2
Er						√			√					2
Eu						√			√					2
Ga						√		√	√					3
Gd						√			√					2
Ge						√		√	√					3
Hf						√								1
Ho						√			√					2
I						√		√	√					3
In						√			√					2
K						√			√					2
Li						√		√	√					3
Lu						√			√					2
Mg						√			√					2
Na						√			√					2
Nb								√						1
Nd						√			√					2
Pr						√			√					2
Rb						√		√	√					3
S								√						1
Sb						√		√	√					3
Sc						√		√	√					3
Se						√		√	√					3

续表

指标	1[a]	2[b]	3[c]	4[d]	5[e]	6[f]	7[g]	8[h]	9[i]	10[j]	11[k]	12[l]	13[m]	频率
Sm						√			√					2
有机 Sn									√					1
Sn						√		√	√					3
Sr						√		√						2
Ta						√			√					2
Tb						√			√					2
Te						√			√					2
Th						√		√	√					3
Ti (%)						√		√	√				√	4
Tl						√		√	√				√	4
Tm						√			√					2
U						√		√	√					3
V						√		√	√					3
W						√		√	√					3
Y						√		√	√					3
Yb						√			√					2
Zr						√		√	√					3
HCHs										√				1
DDTs										√			√	2
苯并（a）芘													√	1
六六六													√	1
七氯													√	1
代森锌									√				√	2
多环芳烃									√				√	2
有机氯农药									√					1
PAEs									√					1
PCBs									√					1
总石油烃									√					1
PAHs									√					1

续表

指标	1[a]	2[b]	3[c]	4[d]	5[e]	6[f]	7[g]	8[h]	9[i]	10[j]	11[k]	12[l]	13[m]	频率
稀土类									√					1
(正)己烷									√					1
环己胺									√					1
甲醇									√					1
甲醛									√					1
乙二醇									√					1
丙酮									√					1
氯仿									√					1
四氯化碳									√					1
氯乙烯									√					1
二氯乙烷									√					1
三氯乙烷									√					1
三氯乙烯									√					1
四氯乙烯									√					1
丁二烯									√					1
狄氏剂									√					1
苯									√					1
甲苯									√					1
乙苯									√					1
联苯									√					1
二甲苯									√					1
邻二甲苯									√					1
三甲基苯									√					1
四丁醇苯									√					1
苯酚									√					1
氯酚									√					1
酚									√					1
五氯苯酚									√					1
二恶英									√					1

续表

指标	1[a]	2[b]	3[c]	4[d]	5[e]	6[f]	7[g]	8[h]	9[i]	10[j]	11[k]	12[l]	13[m]	频率
呋喃									√					1
石棉									√					1
二异氰酸酯									√					1
氰化物									√					1
丙烯酰胺									√					1
溴仿乙醛									√					1
邻苯二甲酸酯									√					1
多溴二苯醚									√					1
三氯乙醛									√					1
六氯苯									√					1
艾氏剂									√					1
氯丹									√				√	2
硫丹									√					1
异狄氏剂									√					1
七氯									√					1
蚊不叮									√					1
毒杀芬									√					1
莠去津									√					1
西玛津									√					1
敌稗									√					1
草甘膦									√					1
二嗪农									√					1
三氯杀螨醇									√					1
代森锰									√					1
2，4-D 丁酸盐									√					1
五氯苯酚钠									√					1
石油碳									√					1
挥发性有机化合物									√					1
农药									√					1
杀菌剂									√					1

续表

指标	1[a]	2[b]	3[c]	4[d]	5[e]	6[f]	7[g]	8[h]	9[i]	10[j]	11[k]	12[l]	13[m]	频率
除草剂									√					1
五氯酚									√					1
灭蚁灵									√					1
总计	191 项													

注：a：1958—1960 年，第一次土壤调查；b：1979—1990 年，第二次土壤调查；c：1977—1979 年，北京、南京、重庆和济南等地的区域环境背景值调查；d：1978—1983 年，背景值调查；e：1983—1985 年，背景值调查；f：1986—1990 年，背景值调查；g：1980—1990 年，关于土壤环境容量的调查；h：1999 年，多目标地区地球化学调查；i：2006—2010 年，全国土壤污染状况调查；j：2010 年，环保部关于农田环境质量的调查；k：2012 年，农业部关于农业生产地区的环境调查；l：48 个城市的非系统性调查；m：2011—2016 年，中国环境监测总站全国土壤环境例行监测监测试点工作。

3.2.3 关注度

本书对我国以往开展的全国性或区域性的土壤环境质量调查统计情况中出现频率大于 3 次的指标进行关注度分析，并对出现频率大于 10 次的进行发文趋势分析。以某项指标在知网的发文量作为关注度的依据，针对发文量进行关注度分析，发文量高的则关注度高，发文量低的则关注度低。

通过在中国知网检索关键词“土壤 铜”，共检索到 2813 篇中文文献，通过统计发文年度趋势（图 3.1）可以看出，自 2001 年以来，重金属铜在土壤污染研究中的关注度明显上升。2019 年达到巅峰，发文量为 168 篇。铜作为一个生物的微量营养元素，也是一个环境污染元素，过量的铜会严重影响动植物的生长（王萌等，2018）。虽然自 2012 年食品中污染物限量标准 (GB2762—2012) 取消了铜的限量指标，最新的标准 (GB2762—2017) 仍没有有关铜的指标，但是对土壤中铜的关注仍然不能减少。

通过在中国知网检索关键词“土壤 砷”，共检索到 2510 篇中文文献，发文趋势如图 3.2 所示。砷（As）是一种剧毒的金属，对环境构成了很高的风险。同时，砷在土壤中的流动性很高，很容易渗入地下水，对地下水体和土壤造成严重污染。土壤中过量的砷可向上运输到农作物的可食用部分，食用该部分可使砷进入人体（龙良俊等，2020）。

通过在中国知网检索关键词“土壤 镉”，共检索到 7450 篇中文文献，发文趋

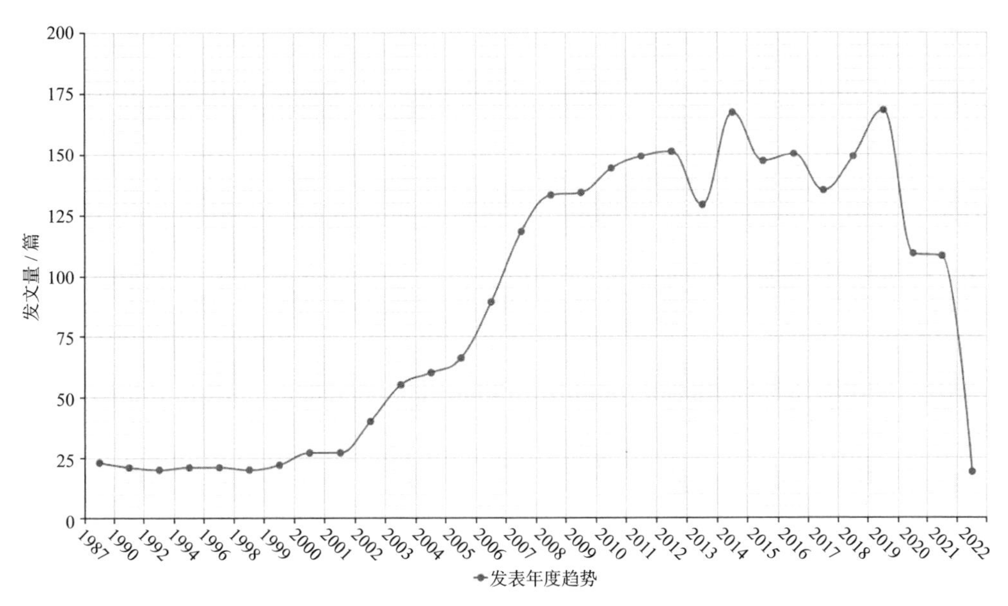

图 3.1　土壤污染领域指标 Cu 发文量

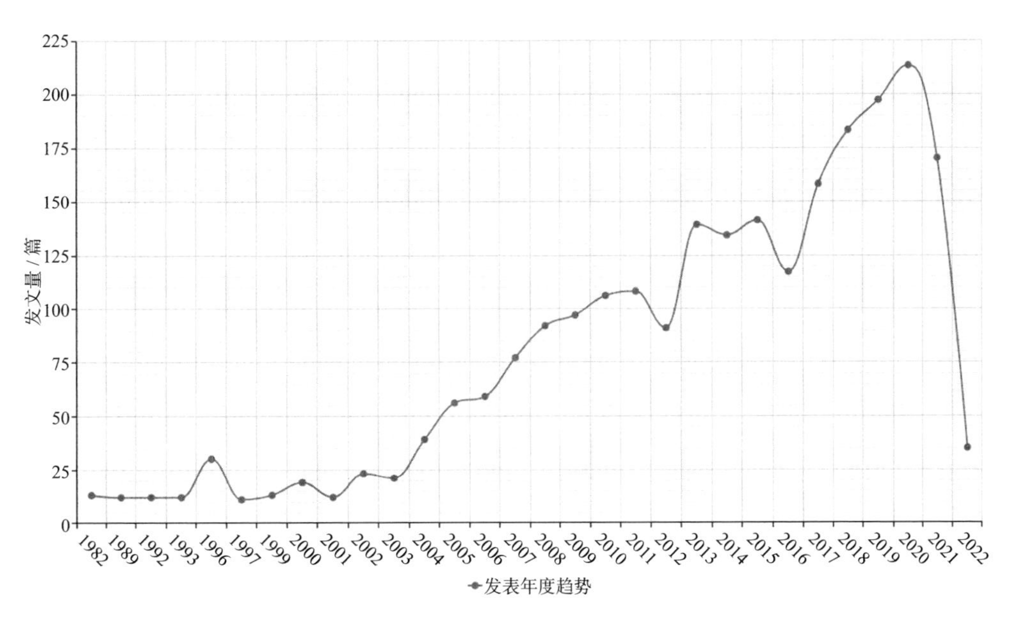

图 3.2　土壤污染领域指标 As 发文量

势如图 3.3 所示。镉是众所周知的重金属“五毒”元素之一，具有分解周期长（半衰期超过 20a）、移动性大、毒性高、难降解等特点，在生产活动中容易被作物吸

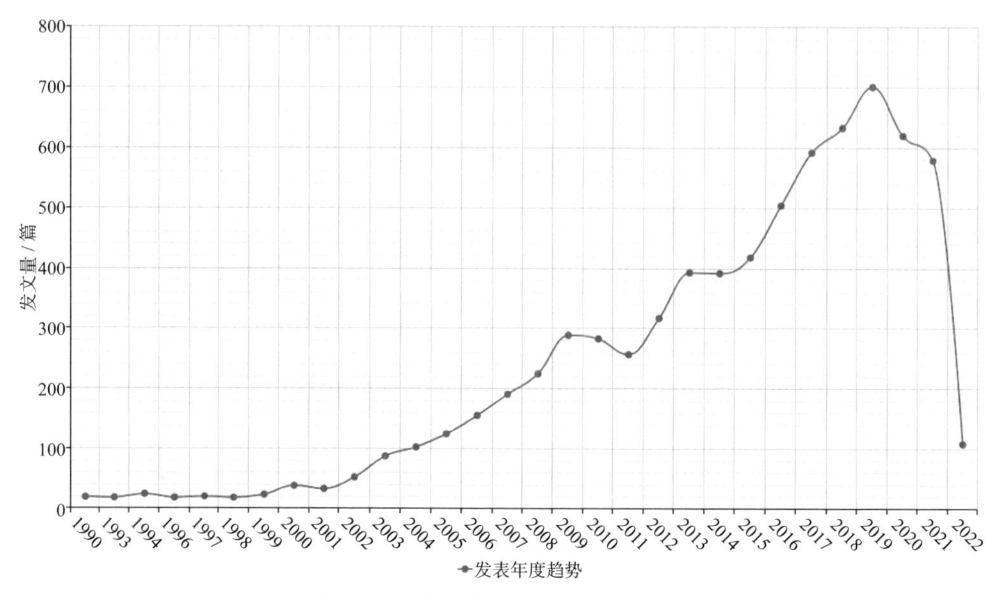

图 3.3　土壤污染领域指标 Cd 发文量

收富集，不仅严重影响作物的产量和品质，而且可以通过食物链在人体的积累危害人体健康（李婧等，2015）。

通过在中国知网检索关键词“土壤 铅”，共检索到 4357 篇中文文献，发文趋势如图 3.4 所示。铅及其化合物是一种不可降解的环境污染物，性质稳定，可通过废水、废气、废渣大量流入环境，产生污染，危害人体健康。铅对机体的损伤呈多系统性、多器官性，包括对骨髓造血系统、免疫系统、神经系统、消化系统及其他系统的毒害作用。作为中枢神经系统毒物，铅对儿童健康和智能的危害更为严重（李敏等，2006）。

土壤环境质量监测指标关注度，如图 3.5 所示。从图中可以得到，针对土壤污染领域，总氮的关注量最高，发文量为 9379 篇。镉（Cd）作为五毒元素，发文量位居第二，有 7450 篇，且镉也是我国历年土壤调查中出现频率最高的指标之一。除总氮和镉之外，发文量超过 5000 的指标还有 pH、总磷和氧化物。铬作为一种五毒元素，其关注度比较低，仅有 1676 篇发文。而六六六和滴滴涕作为我国《土壤环境质量农用地土壤污染风险管控标准》中为数不多的非重金属污染的指标，专注度和我国历年土壤调查的调查频率均普遍偏低。

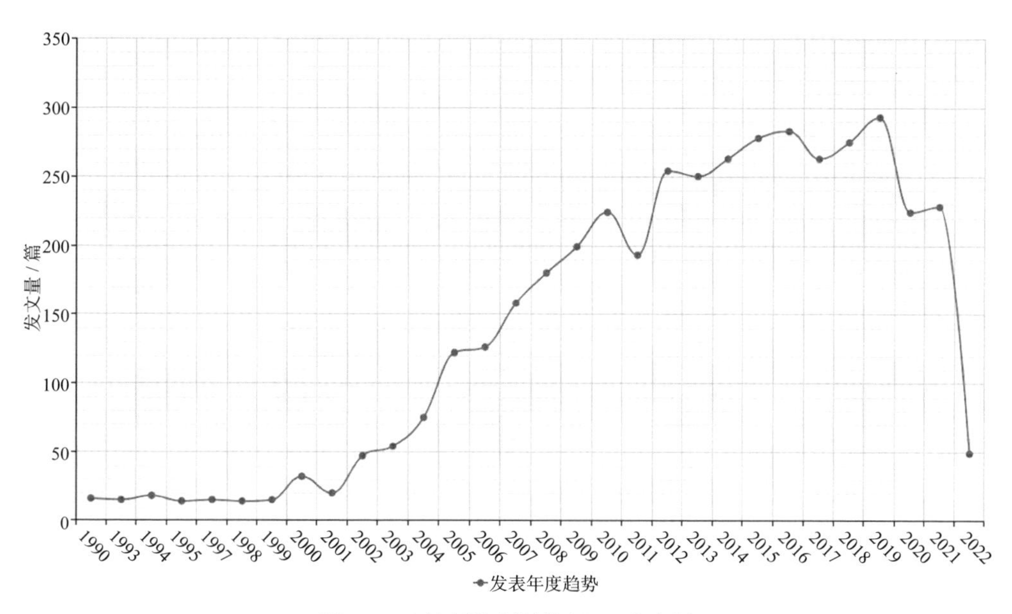

图 3.4　土壤污染领域指标 Pd 发文量

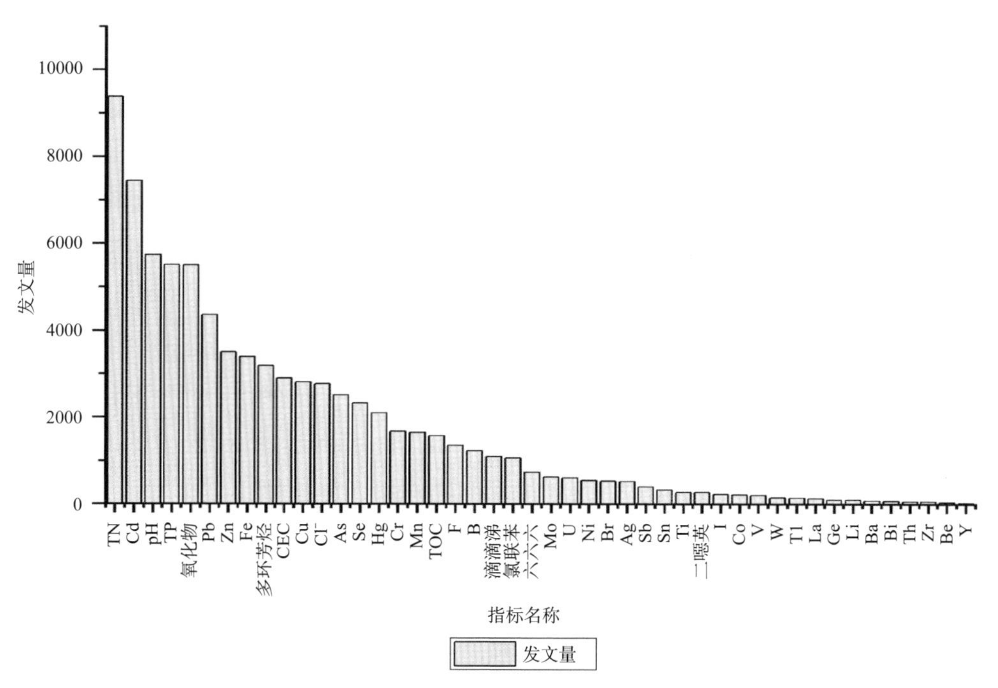

图 3.5　土壤环境质量监测指标关注度

3.3 指标筛选

首先将指标按照调查频率进行排序，并筛选出调查频率大于等于 3 次的指标，综合我国现有土地环境质量标准，添加多环芳烃、滴滴涕、氰化物、六六六、二噁英和氯联苯。将其按调查频率排序后，如表 3.5 所示。

表 3.5 待筛选指标

指标名称	发文量 / 篇	调查频率 / 次
Cd	7450	11
Pb	4357	11
Cu	2813	11
As	2510	11
Zn	3497	10
Hg	2100	10
Cr	1676	10
Ni	548	9
pH	5744	8
Mn	1656	6
TOC	1576	6
B	1232	5
CEC	2896	4
Mo	623	4
Ag	521	4
Ti	274	4
Co	216	4
Tl	142	4
La	129	4
Be	45	4
TN	9379	3
TP	5511	3

续表

指标名称	发文量 / 篇	调查频率 / 次
Fe	3392	3
Cl^-	2770	3
Se	2326	3
F	1357	3
U	605	3
Br	529	3
Sb	397	3
Sn	331	3
I	228	3
V	206	3
W	149	3
Ge	101	3
Li	99	3
Ba	79	3
Bi	73	3
Th	62	3
Zr	62	3
Y	31	3
多环芳烃	3181	2
滴滴涕	1097	2
氰化物	5507	2
六六六	737	1
二噁英	274	1
氯联苯	1064	1

按照调查频率对指标进行排序后分为不同梯度，调查频率大于等于 10 次的列为梯度 A，调查频率大于等于 5 次小于 10 次的则列为梯度 B，调查频率为 3 或 4 的列为梯度 C，剩余则为 D。将不同指标进行梯度划分之后，再根据发文量进行梯度内排名，如表 3.6 所示。

表 3.6 候选指标梯度及排序

指标名称	发文量 / 篇	出现次数	梯度	排序
Cd	7450	11	A	1
Pb	4357	11		2
Cu	2813	11		4
As	2510	11		5
Zn	3497	10		3
Hg	2100	10		6
Cr	1676	10		7
pH	5744	8	B	1
Mn	1656	6		2
TOC	1576	6		3
B	1232	5		4
Ni	548	9		5
TN	9379	3	C	1
TP	5511	3		2
Fe	3392	3		3
CEC	2896	4		4
Cl^-	2770	3		5
Se	2326	3		6
F	1357	3		7
Mo	623	4		8
U	605	3		9
Br	529	3		10
Ag	521	4		11
Sb	397	3		12
Sn	331	3		13
Ti	274	4		14
I	228	3		15
Co	216	4		16
V	206	3		17

续表

指标名称	发文量 / 篇	出现次数	梯度	排序
W	149	3	C	18
Tl	142	4		19
La	129	4		20
Ge	101	3		21
Li	99	3		22
Ba	79	3		23
Bi	73	3		24
Th	62	3		25
Zr	62	3		26
Be	45	4		27
Y	31	3		28
氧化物	5507	2	D	1
多环芳烃	3181	2		2
滴滴涕	1097	2		3
氯联苯	1064	1		4
六六六	737	1		5
二噁英	274	1		6

3.4　优控土壤环境质量监测指标

综合考虑前文所进行的调查频率和关注度调查结果，首先挑选我国历年土壤调查频率大于等于 5 次的指标，也就是梯度 A 和 B 的指标，分别是铜、砷、镉、铅、锌、铬、汞、镍、pH、总有机碳、锰和硼。在这几种指标中，尽管镍的调查频率高达 9 次，可是其关注度则较小，仅有 548 篇发文。再进行关注度筛选，对梯度 C 和 D 中发文量大于 2000 的指标进行筛选，除以上提到的 12 种指标外，添加总氮、总磷、氧化物、铁、多环芳烃、CEC 含量、氯离子和硒。考虑到六六六和滴滴涕是我国《土壤环境质量　农用地土壤污染风险管控标准》中为数不多的非重金属污染的指标，所以将其也纳入筛选指标中。最终筛选指标，如表 3.7 所示。

表 3.7　优先土壤环境质量监测指标表

指标名称	发文量 / 篇	出现次数	梯度	排序
Cd	7450	11	A	1
Pb	4357	11		2
Cu	2813	11		3
As	2510	11		4
Zn	3497	10		5
Hg	2100	10		6
Cr	1676	10		7
pH	5744	8	B	8
Mn	1656	6		9
TOC	1576	6		10
B	1232	5		11
Ni	548	9		12
TN	9379	3	C	13
TP	5511	3		14
Fe	3392	3		15
CEC	2896	4		16
Cl^-	2770	3		17
Se	2326	3		18
氰化物	5507	2	D	19
多环芳烃	3181	2		20
滴滴涕	1097	2		21
六六六	737	1		22

本章通过收集我国各项土壤污染物监测的指标规范，初步形成初选指标库。再针对我国历年土壤质量调查所用指标及社会各界对各项土壤污染指标的关注度的情况，对初选指标进行排序，并根据我国现有规范的要求进行筛选，共筛选出 4 级 22 个土壤污染指标作为优先土壤环境质量监测指标。

第 4 章　国家土壤环境质量标准指标筛选

本章在阐明土壤环境质量标准指标概念的基础上，参考国内外主要环境优先控制污染物筛选方案，提出土壤环境质量标准指标筛选的目的、要求和来源等主要过程，提出两种方法下的土壤环境质量标准指标筛选方法体系，实现对当前国内外土壤环境质量标准指标研究中存在问题的解决办法进行有益探索研究。

4.1　筛选原则

4.1.1　土壤环境质量标准指标的概念

4.1.1.1　土壤环境质量

土壤环境质量在当前仍是一个发展中的概念，尚无统一的认识（陈怀满等，2006）。广义上来说，土壤环境质量是指在一定的时间和空间范围内，土壤自身性状对其持续利用以及对其他环境要素，特别是对人类或其他生物的生存、繁衍以及社会经济发展的适宜性。《土壤大辞典》(周健民等，2013）中对土壤环境质量的理解有三种：①“环境污染”问题在 20 世纪 70 年代提出后，常用环境质量的优劣来表示环境受到污染的程度；②把土壤环境质量问题理解为土壤环境退化问题，不仅包括污染退化问题，还包括土壤侵蚀、土壤沙化、土壤盐渍化、土壤酸化等退化问题；③对人类和生物而言，土壤都是环境，因而土壤环境质量问题涉及土壤资源、土壤肥力、土壤生态、土壤污染等诸多问题。本研究的土壤环境质量即定位于土壤污染问题。

4.1.1.2　土壤环境质量标准

土壤环境质量标准是土壤中污染物的最高容许含量，是国家环境保护部门参照环境的基准值并综合考虑了社会、政治、经济、技术等各个方面的条件所制定的一套合理的技术规定。污染物在土壤中的残留积累，以致造成作物的生育障碍、在籽粒或可食部分中的过量积累（不超过食品卫生标准）或影响土壤、水体等环境质量为界限。标准依据土壤的应用功能、保护目标和土壤的主要性质，规定土壤中污染物的最高容许浓度指标值和相应的监测方法，适用于农田、蔬菜地、茶园、果园、牧场、林地、自然保护区等地的土壤。

4.1.1.3 土壤环境质量标准指标

广义上来说，凡是能够表征土壤环境质量状况的污染物和土壤理化参数，均可以称为土壤环境质量指标。但土壤环境中潜在的污染物和土壤理化参数众多，只将能够反映大多数情况下土壤环境质量状况优劣的污染物和土壤理化参数称之为土壤环境质量指标。在实际土壤环境保护管理中，不同国家为防止土壤污染、保护生态系统、维护人体健康，并根据本国土壤环境特征，筛选出一些污染物和土壤理化参数，并制定一定时间和空间范围内的容许含量值，即制定的土壤环境质量标准，这些土壤环境质量标准中的指标属于土壤环境质量指标。土壤环境质量指标的主要目的是用于对土壤环境质量进行评价，而其来源是土壤环境质量标准。

4.1.2 筛选原则

国内外在进行优先污染物筛选时，通常首先会制定筛选的原则（方路乡等，1993；胡冠九，2007）。常见的筛选原则，见表 4.1。例如，美国在水环境优先污染物筛选时制定 7 项原则：①在法令已提出的 65 个优先控制污染物中，属于具体化合物的必须列入；②除 A 以外的其他污染物，在初筛检测中出现频率在 5% 以上；③存在可用于定性鉴定和定量的化学标准物质；④稳定性较高的化合物；⑤具有分析测定可能性的污染物；⑥有较大生产量的污染物；⑦具有环境与健康危害性的污染物。我国在进行水中优先监测有机污染物筛选时，同样制定了 7 项原则：①在我国现有环境水体中存在，并被有关环境监测部门检出的污染物；②在国内有一定的生产量或进口量，可能造成较严重接触和环境危害的污染物；③对人类毒性危害大，特别是具有或可能具有致癌、致突变性和生殖毒性的污染物；④具有较高生态毒性，可能对环境中水生和陆生生物造成严重危害的污染物；⑤环境中难降解，易于生物积累和具有环境持久性的污染物；⑥已被联合国有关机构列入禁止或严格控制名单或被两个以上国家限制使用的物质；⑦已被国家生态环境保护部门或监测机构列入优先控制污染物名单的污染物。

表 4.1　国内外环境优先污染物常用原则

原则	表征参数	意　　义
环境中的广泛存在	年产量 / 使用量	年产量比较确定，可估计潜在排放量，但不能真实反映环境排放量、中间产物、降解产物和天然物等信息；从不同环境中检出的频次可以计算检出频率，这一参数更能表征环境中的存在状况
	检出频率	某个污染物在环境中被检出的频次，检出频率反映化合物是否存在于环境中，能够表征其存在于环境的广泛性
毒性大	急性毒性 / 慢性毒性	常用的参数是 LD_{50}(半致死剂量）和 LC_{50}(半致死浓度)，这些参数是定量的，也比较直观；慢性毒性选用了比较直观和易于比较的参数 TDLo（最低中毒浓度）
	三致效应	三致毒性数据的收集至关重要，但由于数据不全、实验条件有差异、实验数据的准确性有时也需要加以分析等原因，国际上尚未完全采用其定量结果作为评分系统
环境效应危害大	降解性	难降解的污染物在环境中更容易富集，且接触的可能性往往正比于在环境中的停留时间
	积累性	在生物体内，由于污染物的积累，会产生更大的毒性效应
	富集性	有毒物质的富集，会使污染物随着低等生物进入食物链，对人体造成更大的危害
有一定基础条件	分析测试	具有成熟的采样和分析方法，可获得标准物质、具备标准的分析仪器
	研究基础	此前有相关基础，则加以考虑
可行性较强	分期分批建立	由于污染物的排放是否能够得到控制的问题受到治理技术、经济力量与管理法规等多方面的制约和影响，优先污染物名单的建立应分期分批进行，逐渐实施
	分级管理	筛选出的污染物的排序存在差异，可以根据排序结果进行分级，便于对不同级别的污染物制定项目匹配的管理措施，减少管理成本

根据调研，结合土壤环境质量的内涵，制定了土壤环境质量标准指标筛选原则。具体包括：优先考虑可以进行土壤环境标准的指标；优先考虑土壤环境中广泛存在的指标；优先考虑毒性较大的指标；优先考虑环境危害效应大的指标；优先考虑国内外常用的土壤环境质量指标；对筛选的指标进行分期、分级管理。

4.2　指标库构建

我国现有 10 余种环境化学污染物筛选排序方案，数量较多，涉及的地域广泛，既有国家层面的，也有针对特定省份、流域、河段等不同空间尺度的。在环境介质方面，主要集中在水环境中，空气优先污染物筛选占少数部分，关于土壤中优先污染物的筛选非常少见，还有一些是针对特定行业甚至垃圾处理的。在污染物分类上，主体对象为有机物。

这些环境化学污染物筛选排序方案，根据各自的目标和数据获得情况，采用了不完全相同的工作方式和筛选方法。但是，由于不知道各种筛选方案的详细过程，因此给借鉴和评价带来了困难。

基于制定的筛选原则，本书考虑候选指标清单来源于国内外土壤环境质量相关标准中的指标。具体包括 10 个不同国家和地区土壤环境质量相关指标。10 个国家和地区的土壤环境质量相关标准中指标的梳理与分类归纳，见表 4.2 ~ 表 4.6。

表 4.2　不同国家和地区土壤环境质量标准中无机指标

指标	AU	CA	CN	HK	JP	NL	NZ	TW	UK	US	总计
砷	√	√	√	√	√	√	√	√	√	√	10
银		√								√	2
钡	√	√		√		√				√	5
铍	√	√								√	3
镉	√	√	√	√	√	√	√	√	√	√	10
钴	√	√		√		√				√	5
铬	√	√	√					√		√	5
铜	√	√	√	√	√	√	√	√		√	9
汞	√	√	√	√	√	√	√	√	√	√	10
锰	√			√						√	3
钼		√		√		√				√	4
镍	√	√	√	√		√	√	√	√	√	9
铅	√	√	√	√	√	√	√	√		√	9
锑		√		√		√				√	4
硒		√			√				√	√	4
锡		√		√			√			√	4
硼	√	√			√		√			√	5
铊		√					√			√	3
铀		√					√			√	3
钒	√	√								√	3

续表

指标	AU	CA	CN	HK	JP	NL	NZ	TW	UK	US	总计
锌	√	√		√		√	√	√		√	7
氰化物	√	√		√	√		√			√	6

注：中国（CN）、中国台湾（TW）、美国（US）、加拿大（CA）、英国（UK）、荷兰（NL）、日本（JP）、澳大利亚（AU）、中国香港（HK）、新西兰（NZ）。

表 4.3　不同国家和地区土壤环境质量标准中氯化烃类指标

指标	AU	CA	CN	HK	JP	NL	NZ	TW	UK	US	总计
二氯甲烷		√		√	√	√				√	5
三氯甲烷		√		√		√				√	4
溴二氯甲烷				√						√	2
1，1–二氯乙烷		√				√				√	3
1，2–二氯乙烷		√			√	√		√		√	5
1，2–二氯丙烷		√						√		√	3
1，1，1–三氯乙烷		√			√					√	3
1，1，2–三氯乙烷		√			√	√				√	4
氯乙烯						√		√		√	3
1，1–二氯乙烯						√				√	2
1，2–二氯乙烯（总）		√			√			√		√	3
氯丙烯（总）		√								√	2
三氯乙烯				√	√	√		√		√	5
四氯乙烯				√	√	√				√	4
四氯化碳		√			√	√		√		√	5
一氯苯		√				√					2
二氯苯（总）		√				√		√		√	4
三氯苯（总）		√				√				√	3
四氯苯（总）		√				√				√	3
五氯苯		√				√				√	3
六氯苯		√				√		√		√	3
多氯联苯（总）	√	√		√	√	√	√		√	√	8
二氯酚（总）						√				√	2

续表

指标	AU	CA	CN	HK	JP	NL	NZ	TW	UK	US	总计
三氯酚（总）						√		√		√	3
五氯酚						√		√		√	3
氯萘（总）						√				√	2
一氯苯胺（总）						√				√	2
二氯苯胺（总）						√		√		√	3
三氯苯胺（总）						√				√	2
四氯苯胺（总）						√				√	2
五氯苯胺（总）						√				√	2
二噁英（总）		√		√	√	√	√			√	6
4-氯代甲基苯酚类						√				√	2

表 4.4　不同国家和地区土壤环境质量标准中芳香族指标

指标	AU	CA	CN	HK	JP	NL	NZ	TW	UK	US	总计
多环芳烃（总）	√	√		√		√	√			√	6
苯		√		√	√	√	√	√	√	√	8
甲苯		√		√		√	√	√	√	√	7
乙苯		√		√		√	√	√	√	√	7
二甲苯（总）		√		√		√	√	√	√	√	7
苯乙烯				√		√				√	3
甲酚（总）						√	√			√	3
苯酚	√					√			√	√	4
苯二酚（总）						√				√	2

表 4.5　不同国家和地区土壤环境质量标准中农药指标

指标	AU	CA	CN	HK	JP	NL	NZ	TW	UK	US	总计
艾氏剂	√					√		√		√	4
狄氏剂	√					√	√	√		√	5
异狄氏剂						√		√		√	3
滴滴涕（总）	√	√	√			√	√			√	6
卡巴呋喃						√				√	2

续表

指标	AU	CA	CN	HK	JP	NL	NZ	TW	UK	US	总计
六六六（总）			√							√	2
七氯	√							√		√	3
环氧七氯						√				√	2
氯丹	√					√		√		√	4
硫丹						√		√		√	3
莠去津						√				√	2
西维因						√				√	2
代森锰						√				√	2
环丁砜		√								√	2
福美双					√					√	2
西玛津					√					√	2
杀草丹					√					√	2
毒杀芬								√		√	2

表 4.6　不同国家和地区土壤环境质量标准中其他指标

指标	AU	CA	CN	HK	JP	NL	NZ	TW	UK	US	总计
甲醇						√				√	2
有机汞（甲基汞）	√				√	√			√	√	4
铬（三价）	√			√		√	√			√	5
铬（六价）	√	√		√	√	√	√			√	7
丁醇						√				√	2
丙二醇		√								√	2
丙烯晴						√				√	2
乙酸乙酯						√				√	2
甲醛						√				√	2
异丙醇						√				√	2
邻苯二甲酸盐（总）		√		√		√				√	4
甲基叔丁醚				√		√				√	3
甲基乙基酮						√				√	2
丙酮				√						√	2

续表

指标	AU	CA	CN	HK	JP	NL	NZ	TW	UK	US	总计
环己酮						√				√	2
石油烃（总）	√	√		√			√	√		√	6
四氢呋喃						√				√	2

4.2.1 参数选择

污染物的环境与健康危害性评估和风险性评估是污染物优先筛选的核心。不同的优先筛选方案采用的评估方法也是不同的。前者考虑污染物固有的危害性，但不考虑其在环境中的水平和暴露情况，因此只是部分反映污染物的潜在风险。风险评估则是在危害性评估的基础上，进一步考虑污染物在环境中的存在形式、水平和转化等，有时还结合特定的暴露途径，分析污染物的健康风险和生态风险，即进入环境、暴露和效应。在筛选优先污染物所做的风险评估中，都考虑了毒性或危害性，而对暴露的评估差异性较大。

通过对国内外污染物排序相关研究的对比分析，可以发现，在考虑毒性或危害性时，即以环境与人体健康效应为评估终点时，可以分为植物毒性、水体毒性、陆生非哺乳动物毒性、哺乳动物毒性、一般性生态效应、系统毒性（非致癌性）或一般健康效应、致癌性 / 致突变性 / 遗传毒性、发育 / 生殖毒性、物理毒性和其他性质 10 个方面，具体如下。

植物毒性可分为：高等植物毒性（定性），藻类毒性（定性），水生及陆生植物的 LC_{50}、EC_{50}、NOAEL/NOAEC。

水体毒性可分为：AWQC（急性或慢性）、AALAC（水生生物环境推荐浓度）、NOAEL、急性 LC_{50}、急性 LD_{50}、急性 EC_{50}、亚急性或慢性 EC_{50}、亚急性或慢性 MATC、NOEL/NOEC、水生生物毒性 RQ、藻类种群生长速率（PGR）、藻类致死性（LET）、鱼或水蚤的急性和长期毒性。

陆生非哺乳动物毒性可分为：亚急性或慢性效应、急性 LC_{50}、急性 LD_{50}、慢性 NOAEL、严重性和有效剂量、亚急性或慢性 NOEL、急性毒性（鸟、蚯蚓）、非特定生物。

哺乳动物毒性可分为：急性 LC_{50}、急性 LD_{50}、亚急性 NOEL/NEL、亚急性或慢性 NOAEL、皮肤或眼睛刺激性、皮肤或眼睛敏感性、严重性和有效剂量、亚急性或慢性 NOEL、亚急性或慢性 LOAEL、亚急性或慢性 LD_{10} 和 TD_{10}、急性亚急性和慢性毒性（鼠）。

一般性生态效应可分为：生态扰动效应、生态系统恢复潜力、生态效应基准、AWQC、水生生物毒性 RQ、组内排序的化学品类别、共毒性、生态效应 RQ、繁殖毒性。

系统毒性（非致癌性）或一般健康效应可分为：急性 LD_{50} 和 LC_{50}、NOAEL 和 LOAEL、LOEL、最高浓度、严重性和有效剂量、高毒性化学品物质的种类数、作用效力、其他毒性效应、效应类型、非特定效应、慢性 MED、RfD/RfC、慢性毒性严重性等级、哺乳动物系统毒性、刺激性、敏感性、急性或慢性的一般毒性、慢性 ADI、RQ（急性、慢性、致癌性）、NAAQS、TPQ、神经毒性、有毒物质控制法案的化学品计分、系统分类、化学品分类的人类毒性评估、人体健康结构的活性排序。

致癌性 / 致突变性 / 遗传毒性可分为：致癌性的权重及数量或证据类型、效力的概率、ED_{10}、定性的作用效力、CERCLA 毒性排序、致癌物、URF、UCR、致癌效力 RQ、EEC 指导值、非特定终点、癌症发生数、致突变性的权重及数量或证据类型、EEC 指导值、细菌或短期试验、突变剂、遗传毒性的权重及数量或证据类型、致突变剂。

发育 / 生殖毒性可分为：非特定终点、权重及数量或证据类型、严重性和剂量、致癌效应 S、有效剂量、LOEL、发育或生殖毒物、EEC 致癌性的指导值、致癌性和胎儿毒性。

物理毒性和其他性质可分为：可燃性、闪点、沸点、反应性、爆炸性、腐蚀性、气味 / 味道和外观、pH、相对分子质量、熔点、相对密度、蒸气压、表面张力、水溶性、脂溶性、氧化性、生态风险降低潜力、人体健康风险降低潜力、放射性核素的剂量效应、福利效应、总 α 射线水平、Sax 毒性等级、是否列入 CAA 修正案的名单中、$\lg K_{OW}$、其他未被上述指标涵盖的危险性质。

暴露评估就是分析污染物的释放、确定暴露人群、明确所有的暴露途径、估计暴露点的浓度和摄入量。暴露评估结果用各种途径的人群保留强度、频度和持续时间表示。通过对国内外污染物排序相关研究的对比分析，可以发现，在考虑暴露评估时，即以暴露得分为评估终点时，可以分为降解或转化潜力、迁移 / 分配、估计的剂量 / 环境存在 / 排放、暴露频次或强度 4 个方面，具体如下。

降解或转化潜力可分为：在大气 / 水 / 土壤 / 底泥中的降解性、生物降解性、转化、氧化、光解、水解、达到 1/2 *BOD* 所需时间、挥发性的半衰期、$\lg K_{OW}$、专家判断的持久性、是否存在排放源、EPA 持久性等级。

迁移 / 分配可分为：吸附、水溶性、$\lg K_{OW}$、*BCF*、*BAF*、相对分子质量、生物浓集、蒸气压、起始分配 / 传输、蒸发、挥发、地区特征、下渗潜力、环境转移因子、环境散布 / 移动性。

估计的剂量 / 环境存在 / 排放可分为：估计剂量（人体暴露潜力、理论的日摄入量、估计的日摄入量）、检出浓度 / 频次（污染物暴露或含污染物的介质暴露、通过污染物的迁移暴露、推算出的不同介质中的浓度、估计环境中的浓度、出现或者使用的频次、大气 / 土壤 / 水中检出率、测定的浓度、输入的化学品浓度）、生产 / 使用和排放的数据（排放和使用的地点数量、排放源的数据、排放估计、TRI 排放和迁移、国家排放数据、环境年排放量、生产量、进口量、废弃量、使用、市场销售量、降低排放的潜力）。

暴露频次或强度可分为：使用方式、潜在暴露的人群数量、土地利用、与排放源的距离、关键环境因子的存在与否、暴露强度、暴露时间、暴露概率、暴露频率、多次暴露、暴露的地理尺度。

4.2.2 评判标准

在选择筛选参数后，需要对参数进行打分赋值，根据《国内外化学污染物环境与健康风险排序比较研究》收集整理的参数赋值打分标准，见表 4.7 ~ 表 4.14（环境保护部科技标准司，2010）。

表 4.7 生态毒性评分标准

极可能危险（= 1）				
水生生物毒性（鱼、水蚤、水藻）		好氧生物降解	富集	
$LC_{50}/EC_{50}/IC_{50}/(mg \cdot L^{-1})$	$NOEC/(mg \cdot L^{-1})$		$\lg K_{OW}$	BCF
<1				
1—10		不易		
1—10		非固有		

续表

1—10		容易	>3	>100
10—100		非固有	>3	>100
1—10		固有		
数据不足（=2）				
水生生物毒性（鱼、水蚤、水藻）		好氧生物降解	富集	
$LC_{50}/EC_{50}/IC_{50}/(mg \cdot L^{-1})$	$NOEC/(mg \cdot L^{-1})$		lg K_{OW}	*BCF*
10—100		非固有		
10—100		不易		
10—100		固有		
危险性极低（=3）				
水生生物毒性（鱼、水蚤、水藻）		好氧生物降解	富集	
$LC_{50}/EC_{50}/IC_{50}/(mg \cdot L^{-1})$	$NOEC/(mg \cdot L^{-1})$		lg K_{OW}	*BCF*
1—10		容易	<3	<100
1—10	>1	容易	>3	>100
1—10	>1	固有		
10—100		容易	<3	<100
10—100		固有	<3	<100
10—100	>1	非固有	<3	<100

表 4.8　生物富集性计分方法

文字描述	计分	对应指标 / 标准
高（强毒性）High（Very Toxic）	3	水生生物的 LC_{50}<10 mg/L，且 *BCF*<1000，或 lgK_{OW}<4.35 或估计的 lgK_{OW}<5.5； 水生生物的 *MATC*<100 μg/L，且 *BCF*<1000，或 lgK_{OW}<4.35 或估计的 lgK_{OW}<5.5； 哺乳动物或鸟类的 LC_{50}<200 mg/kg，且 *BCF*<1000，或 lgK_{OW}<4.35 或估计的 lgK_{OW}<5.5； 哺乳动物或鸟类的 *MATC*<20 mg/kg，或植物的 EC_{50}<10 mg/L，且 *BCF* 或 *BAF*<1000，或 lgK_{OW}<4.35 或估计的 lgK_{OW}<5.5； 鸟类 5 日食物的 LC_{50}<500 mg/kg，且 *BCF* 或 *BAF*<1000，或 lg K_{OW}<4.35 或估计的 lg K_{OW}<5.5
中（有毒）Medium（Toxic）	2	水生生物的 10 mg/L<LC_{50}<100 mg/L，且 *BCF*<1000，或 lg K_{OW}<4.35 或估计的 lg K_{OW}<5.5； 水生生物的 100 μg/L<*MATC*<1 mg/L，且 *BCF*<1000，或 lg K_{OW}<4.35 或估计的 lg K_{OW}<5.5； 哺乳动物或鸟类的 200 mg/kg<LC_{50}<2000 mg/kg，且 *BCF*<1000，或 lg K_{OW}<4.35 或估计的 lg K_{OW}<5.5； 哺乳动物或鸟类的 20 mg/kg<*MATC*<200 mg/kg，或植物的 10 mg/L<EC_{50}<100 mg/L，且 *BCF* 或 *BAF*<1000，或 lg K_{OW}<4.35 或估计的 lg K_{OW}<5.5； 鸟类 5 日食物的 500 mg/kg <LC_{50}<5000 mg/kg，且 *BCF* 或 *BAF*<1000，或 lg K_{OW}<4.35 或估计的 lg K_{OW}<5.5

续表

文字描述	计分	对应指标 / 标准
低 （有毒） Low （Hamful）	1	水生生物的 LC_{50}>100 mg/L，且 BCF<1000，或 lg K_{OW}<4.35 或估计的 lg K_{OW}<5.5； 水生生物的 $MATC$>1 mg/L，且 BCF<1000，或 lg K_{OW}<4.35 或估计的 lg K_{OW}<5.5； 哺乳动物或鸟类的 LC_{50}>2000 mg/kg，且 BCF<1000，或 lg K_{OW}<4.35 或估计的 lg K_{OW}<5.5； 哺乳动物或鸟类的 $MATC$>200 mg/kg，或植物的 EC_{50}>100 mg/L，且 BCF 或 BAF<1000，或 lgK_{OW}<4.35 或估计的 lg K_{OW}<5.5； 鸟类 5 日食物的 LC_{50}>5000 mg/kg，且 BCF 或 BAF<1000，或 lg K_{OW}<4.35 或估计的 lg K_{OW}<5.5
零 Zero	0	充分证据显示生物富集性效应可忽略

表 4.9　持久性的计分方法

文字描述	计分	对应指标 / 标准
高 （强毒性） High （Very Toxic）	3	水生生物的 LC_{50}<1 mg/L，且持续或反复（C/R）或一次排放的化学品的半衰期 <14 d； 水生生物的 MATC<100 μg/L，且持续或反复（C/R）或一次排放的化学品的半衰期 <4 d； 哺乳动物或鸟类的 LC_{50}<1 mg/kg，且持续或反复（C/R）或一次排放的化学品的半衰期 <14 d； 哺乳动物或鸟类的 MATC<20 mg/kg 或植物的 EC_{50}<1 mg/L，且持续或反复（C/R）或一次排放的化学品的半衰期 <4 d； 鸟类 5 日食物的 LC_{50}<200 mg/kg，且持续或反复（C/R）或一次排放的化学品的半衰期 <14 d
中 （毒性） Medium （Toxic）	2	水生生物的 1 mg/L<LC_{50}<10 mg/L，且持续或反复（C/R）或一次排放的化学品的半衰期 <14 d； 水生生物的 100 μg/L<MATC<1 mg/L，且持续或反复（C/R）或一次排放的化学品的半衰期 <4 d； 哺乳动物或鸟类的 50 mg/kg <LC_{50}<500 mg/kg，且持续或反复（C/R）或一次排放的化学品的半衰期 <14 d； 哺乳动物或鸟类的 20 mg/kg <LC_{50}<200 mg/kg 或植物的 1 mg/L<EC_{50}<10 mg/L，且持续或反复（C/R）或一次排放的化学品的半衰期 <4 d； 鸟类 5 日食物的 200 mg/kg<LC_{50}<2000 mg/kg，且持续或反复（C/R）或一次排放的化学品的半衰期 <14 d
低 （有害） Low （Harmful）	1	水生生物的 LC_{50}>10 mg/L，且持续或反复（C/R）或一次排放的化学品的半衰期 <14 d； 水生生物的 MATC>100 μg/L，且持续或反复（C/R）或一次排放的化学品的半衰期 <4 d； 哺乳动物或鸟类的 LC_{50}>500 mg/kg，且持续或反复（C/R）或一次排放的化学品的半衰期 <14 d； 哺乳动物或鸟类的 MATC>200 mg/kg 或植物的 EC_{50}>10 mg/L，且持续或反复（C/R）或一次排放的化学品的半衰期 <4 d； 鸟类 5 日食物的 LC_{50}>2000 mg/kg，且持续或反复（C/R）或一次排放的化学品的半衰期 <14 d
零 Zero	0	充分证据显示持久性效应可忽略

表 4.10　急性毒性计分方法

文字描述	计分	对应指标 / 标准
高（强毒性） High（Very Toxic）	3	欧盟风险等级： R26：呼吸高毒性； R27：皮肤接触高毒性； R28：饮食高毒性； R35：导致严重烧伤
中（有毒） Medium（Toxic）	2	欧盟风险等级： R23：呼吸毒性； R24：皮肤接触毒性； R25：饮食毒性； R34：导致烧伤
低（有害） Low（Harmful）	1	欧盟风险等级： R20：呼吸有害； R21：皮肤接触有害； R22：饮食有害； R36：刺激眼睛； R37：刺激呼吸系统； R38：刺激皮肤； R65：进入肺有害
零 Zero	0	证据显示急性毒性可忽略

表 4.11　慢性毒性计分方法

文字描述	计分	对应指标 / 标准
高（强毒性） High（Very Toxic）	3	欧盟风险等级： R39：极严重不可逆转效应的危险性
中（有毒） Medium（Toxic）	2	欧盟风险等级： R33：累积效应危害性； R42：可能通过呼吸导致敏感； R43：可能通过皮肤接触导致敏感
低（有害） Low（Harmful）	1	有限或无证据证明可忽略毒性效应； USEPA 7–8 类； MED>100
零 Zero	0	有对人体或动物无发育毒性的充分证据； 有足够证据显示慢性毒性可忽略

表 4.12　致癌性毒性计分方法

文字描述	计分	对应指标 / 标准
高（强毒性） High（Very Toxic）	3	欧盟风险等级： R45（类 1）：可能导致癌症——有充分证据表明人体暴露和癌症发病存在因果关系； R46（类 1）：可能导致遗传的损伤； R49（类 1）：除了 R45（类 1），还能通过吸入暴露致癌； 默认值：IARC 类 1 和类 2a
中（有毒） Medium（Toxic）	2	欧盟风险等级： R45（类 2）：可能导致癌症——被认为导致癌症； R46（类 2）：可能导致遗传的损伤； R49：除了 R45（类 2），还能通过吸入暴露致癌； 默认值：IARC 类 2b
低（有害） Low（Harmful）	1	欧盟风险等级： R40：导致癌症的特定物质引起不可逆转效应的可能风险或诱变； 物质导致致癌风险，但无相关证据； 默认值：IARC 类 3
零 Zero	0	IARC 类 4

表 4.13　生殖毒性计分方法

文字描述	计分	对应指标 / 标准
高（强毒性） High（Very Toxic）	3	欧盟风险等级： R60（类 1）：会降低生育率； R61（类 1）：伤害胎儿； 默认值：存在生殖毒性的正面证据
中（有毒） Medium（Toxic）	2	欧盟风险等级： R60（类 2）：可能会降低生育率； R61（类 2）：可能伤害胎儿； 默认值：存在或极可能存在生殖毒性的正面证据
低（有害） Low（Harmful）	1	欧盟风险等级： R64：可能伤害哺乳期婴儿； R63：可能有伤害胎儿风险； R62：可能有降低生育率风险； 默认值：可能的正面证据
零 Zero	0	有或极有可能存在无生殖毒性的证据

表 4.14　环境应急毒性计分方法

文字描述	计分	对应指标 / 标准
高（强毒性） High（Very Toxic）	3	欧盟风险等级： R50：极高的水生生物毒性； 默认值： 水生生物 $LC_{50}<100\mu g/L$； 哺乳动物或鸟类的 $LD_{50}<5mg/kg$； 鸟类 5 日食物的 $LC_{50}<20mg/kg$
中（有毒） Medium（Toxic）	2	欧盟风险等级： R51：有水生生物毒性； R54：有植物毒性； R55：有动物毒性； 默认值： 水生生物 $100\mu g/L<LC_{50}<10mg/L$； 哺乳动物或鸟类的 $LD_{50}<500mg/kg$； 鸟类 5 日食物的 $LC_{50}<200mg/kg$
低（有害） Low（Harmful）	1	欧盟风险等级： R52：对水生生物有害； 默认值： 水生生物 $LC_{50}>10mg/L$； 哺乳动物或鸟类的 $LD_{50}>500mg/kg$； 鸟类 5 日食物的 $LC_{50}>200mg/kg$
零 Zero	0	证据显示急性毒性可忽略

4.2.3　评估与复核

在通过筛选方法对初始名单进行筛选之后，需要对筛选结果进行评估，在确定最终名单前需要进行复核。例如，加拿大在得到前期筛选结果后，需要向各省政府、土著人所属地的委员会、其他部委等单位及其专家、委员及任何感兴趣的公民个人等咨询，根据反馈意见进行修订，最后由部长或加拿大政府公布。英国在筛选环境优先污染物时，在经过初步筛选之后，被选出的具有潜在危害的化学物质将被进一步进行危害风险评价。评价工作由法定顾问团来完成，该顾问团更多考虑公众的作用。在评估过程中，将有协调人员或协调机构来平衡大众和利益相关方的观点和建议。其中，协调人由来自政府的化学物质政策、法规部门的人员和学术界专家组成，并受法定顾问团领导。评估的最终目的是将化学物质分类，便于细化管理。首先，对显然属于危险品的物质立即采取风险管理措施；然后，根据关注度的不同，将其他物质分别归于高、中、低以及无关注四类。其中，针对前三类采取各不相同的管理手段，而对无关注类则重新归入监控物质之中。

4.3 指标筛选

4.3.1 基于综合评分法的土壤环境质量指标筛选

本书采取了初筛、精筛和复审与确定 3 个阶段进行。借鉴国际较为通用的因子综合评分法，依照筛选原则，最终确定完整的筛选方案流程。第一阶段为初选阶段，依据国内外土壤环境质量相关标准中出现的指标的频率，筛选出累积频率较大的指标集，作为初始指标；第二阶段，对污染物的毒理特性（急性毒性、慢性毒性、致癌性）、生物累积性、环境持久性及研究基础（中国优先控制污染物黑名单、首次土壤污染普查项目、中国环境监测总站土壤环境例行监测项目）等 3 大类 7 项因子进行赋值和求和，在对每种候选指标单因子评估的基础上计算综合评分，并按总分值的大小进行排序；第三阶段，在指标排序的基础上，根据实际土壤环境调查数据、指标分析测试方法、数学分级及评价所需指标对污染物，进行逐一审核，最终建立土壤环境质量监测指标体系。

现有的环境典型污染物识别方法都有各自的优、缺点。随着信息技术手段的进步，环境信息的丰富，多指标、定量化是典型污染物识别方法的发展方向。因此，本书主要借鉴环境典型污染物的识别方法，就多指标、定量化的综合评分法开展优化，拟建立一套适用于土壤环境质量监测指标的筛选技术体系。方法的技术路线图，见图 4.1。

4.3.1.1 土壤环境质量标准指标初选

在确定土壤环境质量标准指标之前，需要确定该指标是否有相应的土壤环境质量标准和检测方法。如果没有确定的土壤环境质量标准及检测方法，就很难判断该指标在土壤环境中的浓度以及环境质量的优劣。比较和分析先进国家和地区土壤环境质量标准中的指标，对比我国的研究和管理实际，能够快速地借鉴经验、减少问题及提高研究的起点。为此，本书重点参考了中国、美国、加拿大、英国、荷兰、日本、澳大利亚、新西兰等国家和中国香港等地区的土壤环境质量标准。

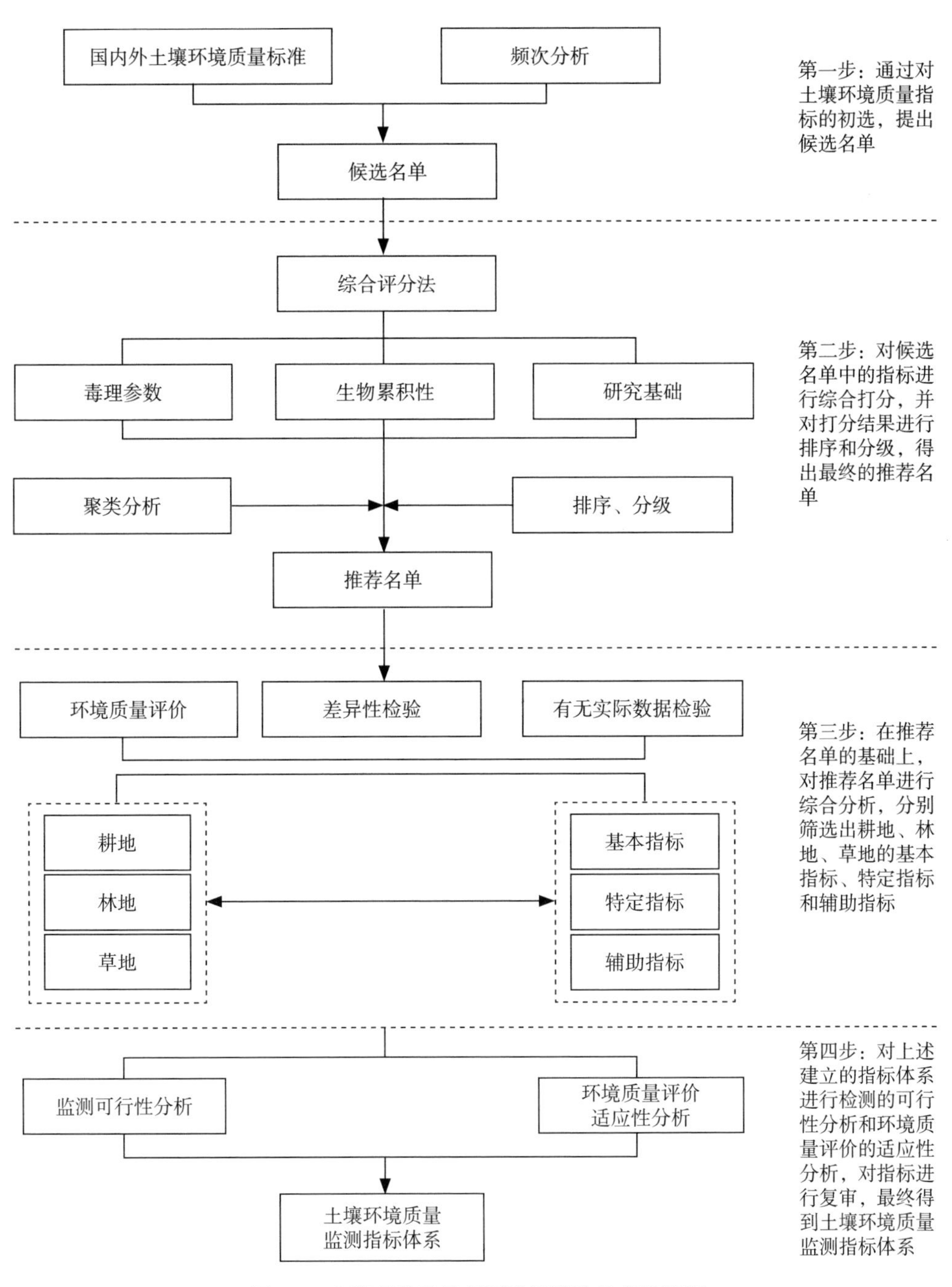

图 4.1　土壤环境质量监测指标筛选技术路线图

各个国家和地区土壤环境质量标准中指标频次统计，见图 4.2 和图 4.3。从图 4.2 可以看出，无机指标次数大于或等于 2 次的指标占全部指标次数的 89%。从图 4.3 可以看出，有机指标次数大于或等于 2 次的指标占全部指标次数的 64%。因此，选择指标次数大于或等于 2 次的指标，能够保证候选指标的完整性，也能达到一定的筛选目的。

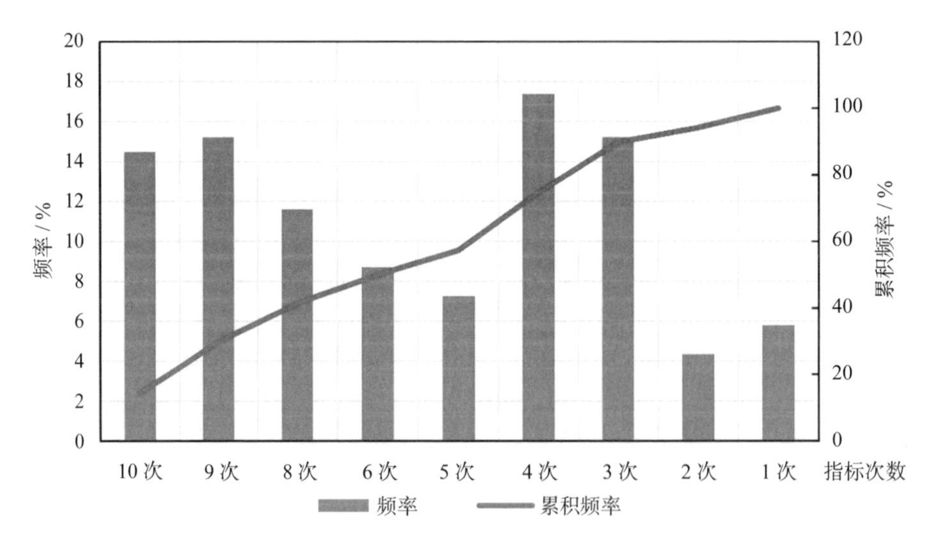

图 4.2　国内外土壤环境质量标准中无机指标频次统计

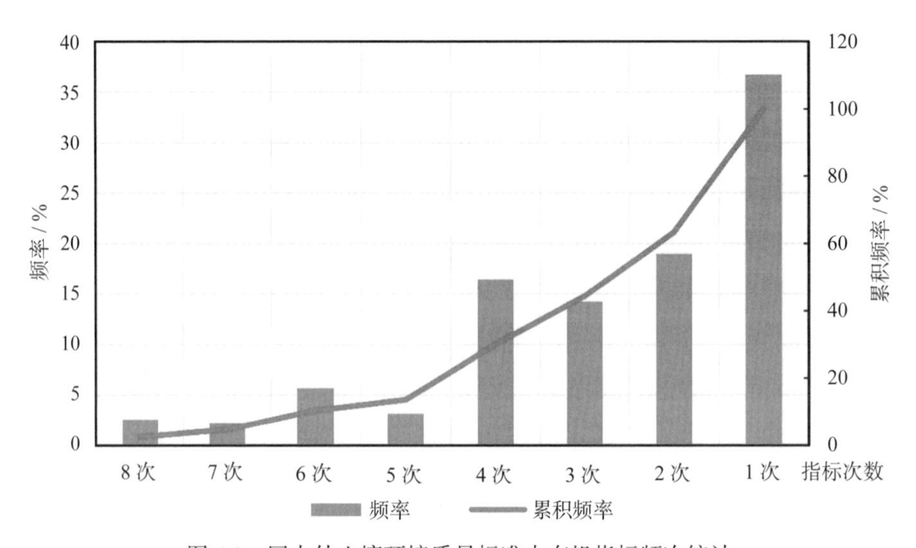

图 4.3　国内外土壤环境质量标准中有机指标频次统计

4.3.1.2 土壤环境质量标准指标排序

在完成土壤环境质量标准指标候选名单后，需要对候选名单做进一步的检验，以满足国内政策的相关性和代表性的要求。为此，本研究采用综合评价法对候选名单进行排序。本方法选取 3 大类 7 个单项评价指标，三大类评价指标分别为指标的毒性、生物累积性、研究基础。土壤环境质量标准指标排序评价标准见表 4.15。

表 4.15 土壤环境质量标准指标排序标准

筛选指标		分值				
		5	4	3	2	1
毒性	急性经口大鼠半致死剂量	<5	5 ~ 50	50 ~ 5000	>5000	无数据
	慢性经口人体摄入参考值	<0.0001	0.0001 ~ 0.001	0.001 ~ 0.01	>0.01	无数据
	国际癌症研究署分级	1	2A	2B	3	无数据
生物累积性	$\lg K_{OW}$	—	>4.2	3.5 ~ 4.2	<3.5	无数据
研究基础	是否为中国优控污染物			是		否
	是否为污染调查项目	是（必测）		是（选测）		否
	是否为例行监测项目			是		否

表达监测指标毒性的单项评价指标有 3 种。其中，选用鼠类为受试动物，引入半致死剂量（LD_{50}，mg/kg）（经口或皮）作为急性毒性指标，表征急性毒性分值 A；选用 EPA 慢性经口人体摄入参考值表征慢性毒性分值 B；选用国际癌症研究署（International Agency for Research on Cancer，IARC）对化合物致癌性的分级表征致癌毒性分值 C。国际癌症研究署将人类的致癌风险分为 3 类：1 组代表此化学品属致癌物，流行病学和暴露实验均已肯定，致癌证据是充分的；2 组代表化学品可能对人体有致癌性，如果证据比较充分，列为 2A（2A 对人体的致癌性至少存在有限证据），如果不够充分列为 2B（有动物证据，而缺少人体致癌证据）；3 组为化学品对人体几乎没有致癌性。表达监测指标富集性的评价指标为正辛醇和水中的分配系数 $\lg K_{OW}$，其分值为 D。表达监测指标研究基础的单项评价指标分别为是否为中国优控污染物（E）、是否为污染调查项目（F）、是否为例行监测项目（G）等，分别用字母 A—G 标记。通过上述指标的分析，实现对污染物性

质及环境危害的综合分析。对单项指标分析发现，大多数单项指标可指定定量标准；一些不易定量的单项指标，可利用定性—数量化方法，进行标准化定量。在确定各单项指标分值后，对所有分值进行叠加，作为污染物的总分值 I，具体见表 4.16。

表 4.16　监测指标排序打分及排序指数

指标	A	B	C	D	E	F	G	I
铍	3	3	1	3	3	1	1	16
有机汞	1	1	1	1	3	1	1	10
钼	3	1	1	1	1	1	1	10
锡	1	1	1	1	1	1	1	8
铊	4	1	1	1	3	1	3	15
钒	1	1	1	3	1	5	3	16
钴	1	1	1	1	1	5	3	14
锑	2	1	1	4	1	1	3	14
硒	2	1	1	3	1	5	1	15
硼	1	1	1	1	1	1	1	8
氰化物	4	1	1	2	1	1	1	12
钡	3	1	1	2	1	1	1	11
铬（总量）	1	5	1	3	3	5	3	22
铬（Ⅲ）	2	1	1	2	3	1	1	12
锌	3	1	1	2	1	5	3	17
铬（VI）	3	5	1	3	3	1	1	18
铜	3	1	1	1	3	5	3	18
汞（总量）	4	1	1	4	3	5	3	22
镍	3	5	1	2	3	5	3	23
铅	3	1	1	1	3	5	3	18
砷	3	5	1	4	3	5	3	25
镉	3	1	1	2	3	5	3	19
1，2，4–三氯苯	3	1	3	2	1	1	1	12
1，2–二氯苯	3	1	2	2	3	1	1	13
1，2–二氯丙烷	3	1	1	1	1	1	1	9

续表

指标	A	B	C	D	E	F	G	I
1，3–二氯丙烯	1	3	2	4	1	1	1	13
1，4–二氯苯	3	3	2	1	3	1	1	14
2，4，6–三氯苯酚	1	3	3	1	3	1	1	13
2，4–二氯苯酚	1	1	2	3	3	1	1	12
α–HCH（六六六）	3	3	3	1	3	5	3	21
β–HCH（六六六）	3	2	3	1	3	5	3	20
γ–HCH（六六六）	3	3	3	4	3	5	3	24
苯并（g，h，i）苝	1	1	1	1	3	5	1	13
丙酮	2	1	2	1	1	1	1	9
苊烯（PHAs）	1	1	1	1	1	5	1	11
二氯酚	1	1	1	1	1	1	1	7
菲（PHAs）	3	1	1	1	1	5	1	13
硫丹	1	1	3	3	1	1	1	11
氯苯（总）	3	1	2	2	3	1	1	13
氯仿	3	3	2	2	1	1	1	13
氯乙烯	3	5	2	1	1	1	1	14
芘（PHAs）	1	1	4	2	1	5	1	15
七氯	3	3	4	4	1	1	3	19
三氯甲烷	3	1	1	1	3	1	1	11
三溴甲烷（溴仿）	3	3	2	2	3	1	1	15
顺式–1，2–二氯乙烯	3	1	2	2	1	1	1	11
五氯苯	1	1	1	1	1	1	1	7
溴二氯甲烷	4	3	2	2	1	1	1	14
一氯苯	1	1	1	1	1	1	1	7
异狄氏剂	1	1	4	4	1	1	1	13
1，1，1–三氯乙烷	2	1	2	1	3	1	1	11
1，1–二氯乙烷	3	2	2	2	1	1	1	12
反式–1，2–二氯乙烯	1	1	2	2	1	1	1	9
艾氏剂	1	3	4	5	1	1	1	16
苯并 [b] 荧蒽（PHAs）	1	3	4	1	3	5	1	18

续表

指标	A	B	C	D	E	F	G	I
苯乙烯	3	1	2	2	1	1	1	11
苊（PHAs）	2	1	3	2	1	1	1	11
二苯并（a，h）蒽（PHAs）	1	3	4	1	1	5	1	16
甲酚（总）	1	1	1	1	1	1	1	7
六氯苯	3	3	4	4	3	1	1	19
氯丹	3	3	4	5	1	5	3	24
五氯苯酚（PCP）	3	3	4	2	3	1	1	17
芴（PHAs）	1	1	4	2	1	5	1	15
1，1，2–三氯乙烷（TCE）	3	2	2	3	3	1	1	15
1，2–二氯乙烷	3	3	2	1	3	1	1	14
苯并 [a] 蒽（PHAs）	3	3	4	1	1	5	1	18
苯并 [k] 荧蒽（PHAs）	1	3	4	1	3	5	1	18
苯酚	1	1	2	2	3	1	1	11
狄氏剂	1	3	4	5	1	1	1	16
蒽（PHAs）	3	1	4	2	1	5	1	17
萘（PHAs）	3	1	3	2	3	5	1	18
䓛（PHAs）	1	3	4	1	1	5	1	16
三氯乙烯	3	1	2	1	3	1	1	12
四氯化碳	3	3	2	4	3	1	1	17
四氯乙烯	3	1	2	2	3	1	1	13
荧蒽（PHAs）	3	1	4	2	3	5	1	19
二甲苯	3	1	2	2	3	3	1	15
二氯甲烷	3	3	2	2	3	1	1	15
苯并 [a] 芘（PHAs）	1	3	4	1	3	5	3	20
甲苯	3	3	2	2	3	3	1	17
乙苯	3	1	2	2	3	3	1	15
总 DDT	3	3	4	4	3	5	3	25
苯	3	5	2	1	3	3	1	18
多氯联苯（PCBs）	1	1	1	1	3	3	1	11

总分值 I 的范围为 7 ~ 25，对 I 进行聚类分析，结果见表 4.17。聚类分析结果表明，化合物可分为 4 类：第 Ⅰ 类化合物有 9 种，第 Ⅱ 类化合物有 30 种，第 Ⅲ 类化合物有 3 种，第 Ⅳ 类化合物有 24 种。危险程度逐级降低，即 Ⅰ 类化合物是最危险的，而 Ⅳ 类化合物是危险性最低的。利用综合评分法得出本示范区第 Ⅰ 类污染物共 8 种（表 4.17），分别是：As、总 DDT、γ–HCH、氯丹、镍、铬、汞、α–HCH；第 Ⅱ 类污染物共 25 种，分别为：β–HCH、苯并 [a] 芘、Cd、Cu、七氯、六氯苯、荧蒽、Cr^{6+}、Pb、苯并 [b] 荧蒽、苯并 [a] 蒽、苯并 [k] 荧蒽、萘、苯、Zn、五氯苯酚、蒽、四氯化碳、甲苯、Be、V、艾氏剂、二苯并（a，h）蒽、狄氏剂、䓛。

表 4.17　土壤环境质量指标分级结果

分级	化　合　物
Ⅰ 类	As、总 DDT、γ–HCH、氯丹、镍、铬、汞、α–HCH
Ⅱ 类	β–HCH、苯并 [a] 芘、Cd、Cu、七氯、六氯苯、荧蒽、Cr^{6+}、Pb、苯并 [b] 荧蒽、苯并 [a] 蒽、苯并 [k] 荧蒽、萘、苯、Zn、五氯苯酚、蒽、四氯化碳、甲苯、Be、V、艾氏剂、二苯并（a，h）蒽、狄氏剂、䓛
Ⅲ 类	Tl、Se、芘、三溴甲烷、芴、1，1，2– 三氯乙烷、二甲苯、二氯甲烷、乙苯、钴、锑、1，4– 二氯苯、氯乙烯、溴二氯甲烷、1，2– 二氯乙烷、1，2– 二氯苯、1，3– 二氯丙烯、2，4，6– 三氯苯酚、苯并（g，h，i）苝、菲、氯苯、氯仿、异狄氏剂、四氯乙烯、氰化物、Cr^{3+}、1，2，4– 三氯苯、2，4– 二氯苯酚、1，1– 二氯乙烷、三氯乙烯、钡、苊烯、硫丹、三氯甲烷、顺式 –1，2 二氯乙烯、1，1，1– 三氯乙烷、苯乙烯、苊、苯酚、多氯联苯
Ⅳ 类	有机汞、Mo、1,2– 二氯丙烷、丙酮、反式 –1,2– 二氯乙烯、Sn、B、二氯酚、五氯苯、一氯苯、甲酚

4.3.1.3　土壤环境质量监测指标分类

在推荐名单的基础上，对推荐名单进行综合分析，分别筛选出耕地、林地、草地的基本指标、特定指标和辅助指标。首先，需要判断推荐的指标中有无耕地、林地和草地的调查数据；若没有调查数据，则直接归为基本指标中，这些指标是需要进一步调查以获取数据。其次，对有耕地、林地和草地的调查数据的指标做进一步的筛选，筛选的基础是对调查数据进行土壤环境质量评价和显著性差异分析，对于超标的指标以及无显著性差异的指标，则将其归为基本指标。综合分析的方法见图 4.4。根据中国环境监测总站提供的某研究区耕地、林地和草地土壤环境质量监测数据进行案例研究。

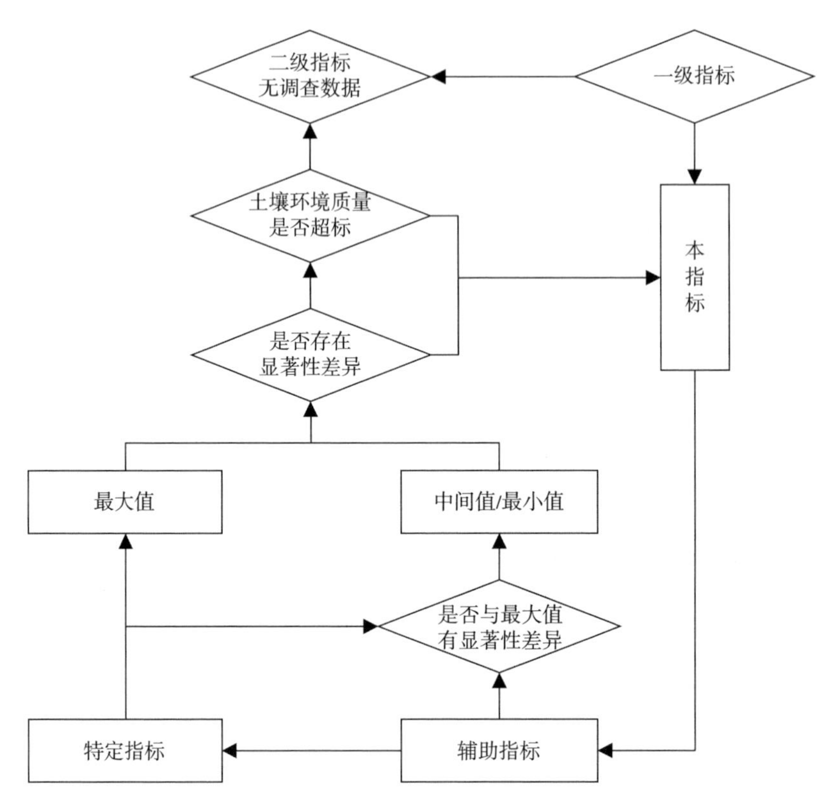

图 4.4 土壤环境质量指标综合分析技术路线图

土壤中的污染物超过环境质量标准中的参考值，则认为此土壤中的污染物需要进一步评估，而低于环境质量标准中的参考值，则认为土壤中的污染物对环境的影响可以忽略。通常认为，我国土壤环境质量标准中的二级标准为土壤污染物的参考值。研究区耕地、林地、草地的平均值及其环境质量评价值，见表 4.18。

表 4.18 研究区耕地、林地和草地土壤环境质量评价

项目	参考标准	草地	PI	耕地	PI	林地	PI
As	30.00	8.18	0.27	9.28	0.03	8.84	0.29
Cd	0.30	0.15	0.30	0.16	1.78	0.17	0.56
Co	9.00	12.04	1.34	11.61	0.12	11.23	1.25
Cr	200.00	61.09	0.31	62.02	0.01	57.41	0.29
Cu	100.00	21.63	0.22	23.04	0.01	22.71	0.23

续表

项目	参考标准	草地	PI	耕地	PI	林地	PI
F	2000.00	484.28	0.24	540.89	0.27	481.70	0.24
Hg	0.50	0.07	0.13	0.05	2.14	0.06	0.13
Mn	1500.00	581.95	0.39	557.67	0.00	582.77	0.39
Ni	50.00	24.95	0.50	26.69	0.02	23.77	0.48
Pb	300.00	20.38	0.07	21.53	0.00	22.73	0.08
Se	0.70	0.17	0.24	0.21	1.52	0.16	0.22
V	130.00	67.65	0.52	71.34	0.01	67.87	0.52
Zn	250.00	65.30	0.26	68.38	0.00	70.07	0.28
六六六总量	0.50	4.55	0.01	6.16	0.01	4.74	0.01
α–六六六		0.25		1.29		0.25	
β–六六六	—	0.82		3.34		0.73	
γ–六六六	—	2.44		0.81		2.38	
δ–六六六	—	1.04		0.72		1.38	
滴滴涕总量	0.50	5.17	0.01	22.12	0.04	6.45	0.01
o，p′–DDT	—	1.41		1.40		1.46	
p，p′–DDT	—	1.57		5.58		2.22	
p，p′–DDE	—	0.93		14.22		1.87	
p，p′–DDD		1.26		0.91		0.89	
多环芳烃总量	1.0000	0.134	0.13	0.120	0.12	0.148	0.15
萘	0.2200	0.018	0.08	0.007	0.03	0.013	0.06
苊	3.8000	0.011	0.00	0.013	0.00	0.009	0.00
二氢苊	3.0000	0.021	0.01	0.012	0.00	0.021	0.01
芴	2.3000	0.008	0.00	0.008	0.00	0.009	0.00
菲	1.7000	0.005	0.00	0.011	0.01	0.004	0.00
蒽	18.0000	0.001	0.00	0.002	0.00	0.007	0.00
荧蒽	2.3000	0.011	0.00	0.011	0.00	0.012	0.01
芘	1.7000	0.006	0.00	0.007	0.00	0.004	0.00
苯并 (a) 蒽	0.0060	0.004	0.72	0.004	0.72	0.008	1.26
屈	0.5600	0.007	0.01	0.007	0.01	0.011	0.02
苯并 (b) 荧蒽	0.0060	0.011	1.75	0.014	2.36	0.016	2.69
苯并 (k) 荧蒽	0.0570	0.003	0.06	0.003	0.05	0.004	0.07

续表

项目	参考标准	草地	PI	耕地	PI	林地	PI
苯并(a)芘	0.0006	0.005	8.07	0.005	8.19	0.007	12.38
茚并(1，2，3-cd)芘	0.0060	0.012	2.08	0.006	1.02	0.014	2.26
二苯并(a，h)蒽	0.0006	0.004	7.42	0.004	6.70	0.008	13.59
苯并(g，h，i)苝	1.8000	0.004	0.00	0.005	0.00	0.002	0.00
酞酸酯总量	30.0000	0.819	0.03	1.208	0.04	0.796	0.03
邻苯二甲酸二甲基酯	0.0200	0.004	0.19	0.008	0.41	0.003	0.16
邻苯二甲酸二乙基酯	0.0700	0.031	0.44	0.012	0.18	0.002	0.03
邻苯二甲酸正二丁基酯	0.0800	0.099	1.23	0.164	2.06	0.074	0.92
邻苯二甲酸丁基苄基酯	1.2200	0.319	0.26	0.006	0.01	0.002	0.00
邻苯二甲酸正二辛基酯	1.2000	0.017	0.01	0.037	0.03	0.011	0.01
邻苯二甲酸（2-乙基己基）酯	4.3500	0.462	0.11	0.982		0.704	0.16

注：PI是污染评价指数。

通过对研究区部分指标的评价和差异性分析，可以进一步对指标进行细化筛选。对于没有超标的指标，继续进行差异性分析；对于与最大值有显著性差异的指标；归为辅助指标；对于和最大值没有差异性显著的，将其和最大值一起作为特定指标。从而得出耕地、林地和草地的土壤环境质量指标体系。

土壤环境质量标准指标的筛选是建立在环境优先控制污染物方法的基础上，但又有所区别，土壤环境质量标准的指标，最终服务于区域土壤环境质量的评价。因此，在指标筛选过程中，不仅需要土壤环境质量中污染物指标的筛选，也需要土壤环境质量评价中所需要的土壤理化指标。通过对国内外土壤环境质量标准的调查发现，多数国家土壤环境质量标准都基于pH和有机质的分类标准。因此，本书也将pH和有机质作为土壤环境质量标准指标的基本指标。最终结果见表4.19。

表4.19　耕地、林地和草地土壤环境质量标准指标体系

类型	基本指标	特定指标	辅助指标
耕地	有机质、pH、As、Cr、Cd、Hg、Ni、Zn、Be、总DDT、γ-HCH、氯丹、α-HCH、七氯、六氯苯、Cr^{6+}、五氯苯酚、四氯化碳、甲苯、艾氏剂、狄氏剂、苯并(a)蒽、屈、苯并(b)荧蒽、苯并(k)荧蒽、苯并(a)芘、二苯并(a，h)蒽	Cu、V、β-六六六	Pb、蒽、荧蒽、萘
林地		Pb、β-六六六、蒽、荧蒽	Cu、V、萘
草地		Pb、萘、蒽、荧蒽	Cu、V、β-六六六

4.3.2　基于顺序优化法的土壤环境质量标准指标筛选

4.3.2.1　土壤环境质量标准指标初选

初选阶段的目的是，主要筛选出土壤中常见的土壤指标，提高后续指标的分级和分类的效率。具体方法是，通过国内外土壤环境质量标准中指标的频率、国内外环境优先控制污染物指标频率、致癌分级 3 个方面进行筛选。考虑到本次筛选为初选阶段，一方面为后续指标筛选提高针对性和效率；另一方面，也要保证后续指标筛选的全面性。因此，筛选标准不应过严。本次筛选的标准是满足以下 3 类标准任意一项，即筛选为初级指标：①国内外土壤环境质量标准中指标的频率大于 1/4；②国内外环境优先控制污染物指标频率大于 1/4；③致癌分级处于 1/4 位置以上（表 4.20）。

表 4.20　土壤环境质量初级指标

指标	指标次数	美国	中国	欧盟	优控次数	IARC	排序
镉	10	√	√	√	3	1	1
镍	9	√	√	√	3	1	2
苯	8	√	√	√	3	1	3
多环芳烃（总）	6	√	√	√	3	1	4
砷	10	√	√		2	1	5
铬	5	√	√		2	1	6
铍	3	√	√		2	1	7
二噁英（总）	6	√			1	1	8
铬（六价）	7				0	1	9
1，2–二氯丙烷	3				0	1	10
甲醛	2				0	1	11
铅	9	√	√	√	3	2B	11
二氯甲烷	5	√	√	√	3	2B	13
酞酸酯类（总）	4	√	√	√	3	2B	14
六氯苯	3	√	√	√	3	2B	15
六六六（总）	2	√	√	√	3	2B	16
多氯联苯（总）	8	√	√		2	2B	17

续表

指标	指标次数	美国	中国	欧盟	优控次数	IARC	排序
滴滴涕（总）	6	√	√		2	2B	18
四氯化碳	5	√	√		2	2B	19
丙烯腈	2	√	√		2	2A	20
狄氏剂	5	√			1	2B	21
艾氏剂	4	√			1	2B	22
七氯	3	√			1	2B	23
环氧七氯	2	√			1	2B	24
毒杀芬	2	√			1	2B	24
有机汞（甲基汞）	4				0	2B	26
溴二氯甲烷	2				0	2B	27
铜	9	√	√		2	3	28
汞	10	√	√	√	3		29
五氯酚	3	√	√	√	3		30
甲苯	7	√	√		2		31
乙苯	7	√	√		2		31
1，2-二氯乙烷	5		√	√	2		33
三氯乙烯	5	√	√		2		33
三氯甲烷	4	√	√		2		35
1，1，2-三氯乙烷	4	√	√		2		35
四氯乙烯	4	√	√		2		35
苯酚	4	√	√		2		35
二氯苯（总）	4	√	√		2		35
铊	3	√	√		2		40
1，1，1-三氯乙烷	3	√	√		2		40
三氯苯（总）	3	√		√	2		40
三氯酚（总）	3	√	√		2		40
硫丹	3	√		√	2		40
甲酚（总）	3	√	√		2		40
一氯苯	2	√	√		2		46
二氯酚（总）	2	√	√		2		46

续表

指标	指标次数	美国	中国	欧盟	优控次数	IARC	排序
锌	7	√			1		48
二甲苯（总）	7		√		1		48
氰化物	6	√			1		50
二噁英（总）	6	√			1		50
锑	4	√			1	3	52
硒	4	√			1		53
氯丹	4	√			1		53
1，1–二氯乙烷	3	√			1		55
氯乙烯	3	√			1		55
1，2–二氯乙烯（总）	3	√			1		55
五氯苯	3			√	1		55
异狄氏剂	3	√			1		55
苯乙烯	3	√			1		55
锰	3						61
钴	5						62
钒	3						63
钼	4						64

注：IARC 为国际癌症研究机构。

4.3.2.2　土壤环境质量标准指标筛选名单分类

依据土壤中污染物的普遍性和特殊性、突出管理重点、兼顾节约成本等因素，将筛选的指标分为基本指标、特定指标和选测指标三类。

基本指标是指土壤中普遍存在的污染物，对保护农产品产地土壤环境、保障农产品安全等意义重大，适用于所有地区农用地土壤环境保护与污染防治优先控制和管理的污染物项目。

基本指标主要考虑指标在我国土壤中广泛存在，检查率较高，超标情况较为严重。

（1）土壤中污染物检出率情况。为了全面了解和掌握我国土壤污染物种类和数量，筛选确定我国土壤污染控制与管理的优先污染物清单，国家在“七五”

“十一五”期间组织开展了全国范围内土壤环境背景调查和土壤污染状况调查。全国土壤环境质量状况调查监测项目包括：必测项目22个（含土壤理化性质、无机污染物和有机污染物），选测项目16个（含无机污染物有效态、稀土元素总量、多氯联苯和石油烃等）；全国土壤背景点土壤典型剖面监测项目20个（含土壤理化性质、无机污染物和有机污染物），土壤主剖面监测项目包括61个元素全量、13个元素有效态、4类有机污染物和部分土壤理化性质指标。重点区域土壤污染调查必测项目22个，选测项目70个。无机类项目主要有：砷、镉、钴、铬、铜、氟、汞、锰、镍、铅、硒、钒、锌等；有机类项目主要有：有机氯农药类、多环芳烃类、邻苯二甲酸酯类、多氯联苯类、石油烃类、其他农药类等。

全国土壤污染状况调查结果显示，重金属类污染物在土壤中普遍检出，有机污染物存在明显的区域性分布。有机污染物在土壤中检出率较高的有多环芳烃总量、邻苯二甲酸酯类总量、滴滴涕总量和六六六总量，其他持久性有机污染物检出率极低。

（2）土壤中污染物超标情况。全国土壤污染状况调查公报显示，以镉、汞、砷、铜、铅、铬、锌、镍和六六六、滴滴涕、多环芳烃为评价项目，全国土壤总的超标率为16.1%。其中，轻微（超标倍数在1倍至2倍之间）、轻度（超标倍数在2倍至3倍之间）、中度（超标倍数在3倍至5倍之间）和重度（超标倍数大于5倍以上）超标比例分别为11.2%，2.3%，1.5%，1.1%。超标类型以无机型为主，有机型次之，复合型污染比例较小，无机污染物超标点位数占全部超标点位的82.8%。无机污染物中，镉、汞、砷、铜、铅、铬、锌、镍点位超标率分别为7.0%，1.6%，2.7%，2.1%，1.5%，1.1%，0.9%，4.8%。有机污染物中，六六六、滴滴涕、多环芳烃3类有机污染物点位超标率分别为0.5%，1.9%，1.4%。从全国土壤污染格局分布情况看，南方土壤污染重于北方；长江三角洲、珠江三角洲、东北老工业基地等部分区域土壤污染问题较为突出，西南、中南地区土壤重金属超标范围较大；镉、汞、砷、铅4种无机污染物含量分布呈现从西北到东南、从东北到西南方向逐渐升高的态势。

从不同土地利用类型土壤超标情况看，耕地土壤点位超标率为19.4%。其中，轻微、轻度、中度和重度污染点位比例分别为13.7%，2.8%，1.8%，1.1%；主要污染物为镉、镍、铜、砷、汞、铅、滴滴涕和多环芳烃。林地土壤点位超标率为10.0%。其中，轻微、轻度、中度和重度污染点位比例分别为 5.9%，1.6%，1.2%，1.3%；主要污染物为砷、镉、六六六和滴滴涕。草地土壤点位超标率为 10.4%。其中，轻微、轻度、中度和重度污染点位比例分别为 7.6%，1.2%，0.9%，0.7%；主要污染物为镍、镉和砷。未利用地土壤点位超标率为 11.4%。其中，轻微、轻度、中度和重度污染点位比例分别为 8.4%，1.1%，0.9%，1.0%；主要污染物为镍和镉。

经综合考虑，基本指标主要有镉、汞、砷、铜、铬、铬（六价）、锌、镍、六六六、滴滴涕、多环芳烃。

特定指标是指此类污染物在特定的污染地区土壤中存在，对危害公众健康和生态环境的突出问题等意义重大，适用于特定地区土壤环境污染问题的监测、预警与应急管理。特定指标主要考虑土壤污染物的特殊性，突出重点管理，主要参考依据包括重金属污染物重点防控项目，农产品质量标准污染物控制项目和相关标准污染物控制项目。

（1）重金属污染重点防控项目。近 10 年，我国重金属污染事件呈高发态势，《重金属污染综合防治“十二五”规划》提出了重金属污染防控的重点行业和重点防控的重金属污染物。依据重金属污染物的产生量和排放量，确定重金属污染防控的重点行业是：重有色金属矿（含伴生矿）采选业（铜矿采选、铅锌矿采选、镍钴矿采选、锡矿采选、锑矿采选、汞矿采选业等）、重有色金属冶炼业（铜冶炼、铅锌冶炼、镍钴冶炼、锡冶炼、锑冶炼、汞冶炼等）、铅蓄电池制造业、皮革及其制造业（皮革鞣制加工等）、化学原料及化学制品制造业（基础化学原料制造和涂料、油墨、颜料及类似产品制造等）。重点防控的重金属污染物是铅、汞、镉、铬、砷、镍、铜、锌、银、钒、锰、钴、铊、锑等其他重金属污染物。

（2）农产品质量标准污染物控制项目。《食品安全国家标准食品中污染物限量》（GB 2762—2012）规定了食品中限量指标中涉及污染物项目有：铅、镉、汞、砷、锡、镍、铬、苯并 [a] 芘、多氯联苯等。

（3）其他相关标准污染物控制项目。《农田灌溉水质标准》（GB 5084—2021）中污染物控制项目有：镉、汞、砷、铬、铅、铜、锌、硒、氟化物和石油烃。《地表水环境质量标准》（GB 3838—2002）中污染物控制项目有：镉、汞、砷、铬、铅、铜、锌、硒、氟化物、苯并 [a] 芘和石油烃。《地下水质量标准》（GB/T 14848—2017）中污染物控制项目有：镉、汞、砷、铬、铅、铜、镍、锌、锰、钴、硒、钼、氟化物、六六六和滴滴涕。《环境空气质量标准》（GB 3095—1996）中污染物控制项目有：铅和苯并 [a] 芘。

经综合考虑，特定指标主要包括锰、钴、硒、钒、锑、铊、钼、邻苯二甲酸酯类、石油烃等项目。

其他污染物指标是指对公众健康和生态安全具有一定的危害，而尚未在土壤中普遍存在的污染物。

通过筛选，选测指标主要有七氯、艾氏剂、环氧化七氯、氯丹、硫丹、氯丹、狄氏剂、异狄氏剂、硫丹、硫丹硫酸酯、异狄氏剂醛、异狄氏剂酮、甲氧滴滴涕、灭蚁灵。

第 5 章　区域土壤优先控制污染物筛选

我国于 2007 年发布的《国家环境与健康行动计划（2007—2015）》中，非常明确地提出，要开展“全国污染源普查：在出现或可能出现严重健康危害的环境重污染地区开展污染源、污染物及污染水平调查，掌握重点污染源、污染途径与主要污染物污染现状，结合环境污染健康影响调查结果，确定全国与区域优先控制环境污染物名单，为有效实施环境影响规划评价及开展重点污染物治理、控制与监测提供参考”。

环境管理越来越强调预防和预警机制的建立和作用。在缺乏可靠的优先污染物名单的情况下，有效地预防和预警只能采取全面设防的方法，实际上基本不可能做到。因此，也会极大地影响施行的效果。基于动态的优先污染物名单，对有限的重点污染物及其生产、使用、排放机构实施预防与预警，在收集完备其他辅助信息的基础上，可以建立基于案例推理的突发性环境污染事件应急预案系统，这无疑将大大提高环境化学污染物管理工作成效。

当前，大多数环境监测指标筛选主要集中在水环境介质上，少数研究了空气介质的指标筛选，极少有在土壤环境介质中开展监测指标筛选的。另外，当前的监测指标筛选方法大多停留在定性和半定量的层次上，其结果缺乏科学性。因此，在区域尺度上建立一套土壤环境质量监测指标筛选方法具有重要意义。本书针对两种不同的情形，分别建立了基于生态风险和基于人体健康风险的土壤环境质量监测指标定量筛选方法。方法的技术路线，见图 5.1。

5.1　基于多环境介质模型的区域土壤环境质量监测指标筛选

5.1.1　多环境介质模型的原理和方法

5.1.1.1　多环境介质模型的简介

多介质环境逸度模型是一种热力学模型，由加拿大的 Makay 等学者提出并用

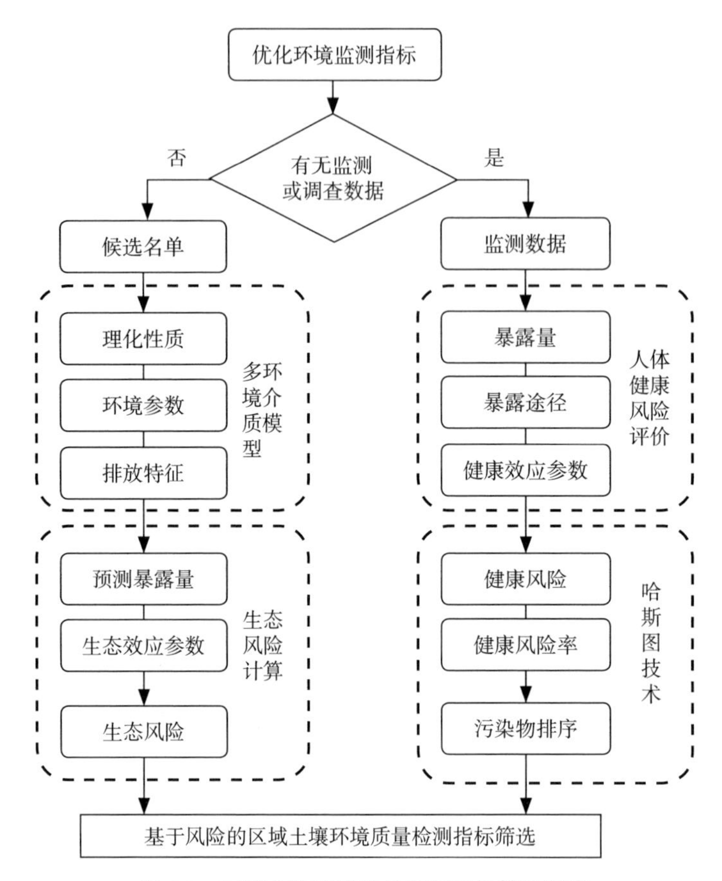

图 5.1　区域土壤环境质量监测指标筛选研究

来模拟和预测有机污染物在区域环境甚至全球环境中的传递、转化与归宿。其理论基础是质量平衡原理和热力学理论，模型最重要的特征是将逸度概念引入用于代替浓度，大大简化了有机污染物在环境介质间转移和分配算式的计算与求解。模型分为稳态逸度模型和非稳态逸度模型，通过对整个系统或系统内各个相建立质量守恒方程，然后求解即可得出污染物在环境系统内的归趋。经过不断地修正和完善，多介质环境逸度模型已经发展成为评价和预测化学物质尤其是持久性有机污染物环境行为的有力工具。

模型可以通过增加和减少过程或改变模型的结构来满足特别的要求。许多适用于稳态条件的模型，可以用微分方程替代代数方程将其改写为描述随时间变化的模型。根据复杂性，这些微分方程可以以代数解或数值积分解。

5.1.1.2　多环境介质模型方法

在多介质环境模型的基础上，Jury 建立了适用于有机污染物在表层土壤中的迁移转化模型 soil。在 soil 模型中，如图 5.2 所示，土壤基质考虑包括 4 个相：空气，水，有机质和矿物质。普遍认为，有机质内 56% 是有机碳。空气和水的体积分数可以由使用者或者由默认值给定，就像土壤中的有机碳含量一样。假设空气，水，有机质和矿物质的密度分别为 1.19 kg/m^3、1000 kg/m^3、1000 kg/m^3、2500 kg/m^3。这样就能够计算出每个相的质量和体积分数以及土壤的整体密度。指定土壤的面积和深度，可以推导出整个土壤及其各组分相的体积和质量。假设化学品均匀分布在土壤体积中。

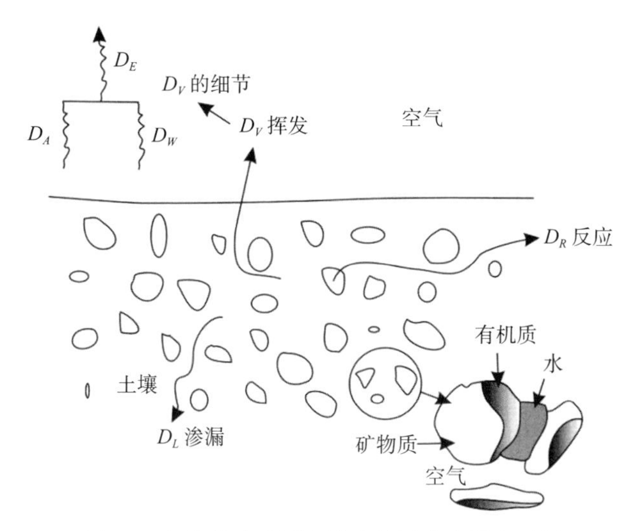

图 5.2　污染物在表层土壤中的迁移和转化过程

计算单个相的 Z 值，然后推导土壤的整体 Z 值 Z_{TS}。逸度从浓度推导，并且计算出单个相中的量和浓度（表 5.1）。

模型考虑三种损失过程：降解反应、挥发和渗漏，每个过程的速率用 D 值来表征。

降解反应过程：确定总反应半衰期 τ (h)，由此用 0.693/ τ 推导出总反应速率常数 K_R (h^{-1})。反应 D 值 D_R 通过土壤的总体积和总 Z 值以 $K_R\ V_T\ Z_{TS}$ 形式来计算。

渗漏过程：以 mm/d 为单位确定水的渗透速率。这可以代表降雨量（其典型值为 1 ～ 2 mm/d）或灌溉量。这一速率被转化成总的水流流量 G_L (m^3/h)。它和水

表 5.1　多环境介质模型 Z 值计算

Z 值	计算公式
空气	$Z_A = 1/RT$
水	$Z_W = 1/H$
有机质	$Z_{OM} = 0.56K_{OC} Z_W$
矿物质	$Z_{MM} = Z_{MW} = K_{MW} Z_W$
土壤总 Z 值	$Z_S = V_A Z_A + V_W Z_W + V_{OM} Z_{OM} + V_{MM} Z_{MM}$

的 Z 值联合可以给出平流渗透 D 值 D_L，即 $G_L Z_W$。这里假设化学品在土壤渗透水中的浓度等于土壤内水中的浓度，即已建立了局部平衡，并且不存在“旁路”和“短路”现象；忽略土壤水中溶解或胶体有机质的“增溶”效应，但是这种效应能通过增加水的 Z 值以包括其额外的溶解能力。

挥发过程包括 3 个起作用的 D 值要推导。

一个是空气边界层 D 值，DE，它用面积 A、传质系数 K_V 和空气的 Z 值的乘积来推导，即 $AK_V Z_A$。Jury 建议：用化学品在空气中的分子扩散率（典型值为 0.43 m^3/d 或 0.018 m^3/h）和空气边界层的厚度 4.75 mm（0.00475 m）的比率来计算；这样，K_V 的典型值为 3.77 m/h。另外，K_V 值可以用来反映不同的微气象条件。

土壤内空气扩散 D 值表征化学品蒸气通过土壤内间隙空气相的迁移速率。利用 Milling–Quirk 方程，可以从气相分子扩散率来推导有效扩散率 B_{EA}，即：

$$B_{EA} = B_A V_A^{10/3} / (V_A + V_W)^2 \tag{5.1}$$

式中：V_A 是空气的体积分数；V_W 是水的体积分数。

如果 V_W 很小，可简化为一个关于 V_A 的 1.33 方的关系式。扩散路径 (Y) 必须特别指定，它是指化学品所在的位置到土壤表面的垂直距离。那么，空气扩散 D 值 D_A 为 $B_{EA} AZ_A/Y$。

相似的方法可以用来计算化学品在土壤内水相的扩散 D 值，只不过用水中的分子扩散率 B_W（假设典型值为 4.3×10^{-5} m^2/d）、水的体积分数和 Z 值，即

$$D_W = B_{EW} AZ_W / Y \tag{5.2}$$

其中，

$$B_{EW} = B_W V_W^{10/3} / (V_A + V_W)^2 \tag{5.3}$$

由于扩散 D 值 D_A 和 D_W 并联，化学品从土壤内部到土壤表面的总迁移 D 值为（D_A+D_W）。边界层的 D 值是串联的，因此总挥发 D 值，D_V，为

$$1/D_V = 1/D_E + 1/(D_A + D_W) \quad (5.4)$$

那么，化学品的总去除率为 fD_T。其中总 D 值为

$$D_T = D_R + D_L + D_V \quad (5.5)$$

在平衡状态下，则从初始物质质量 M 中残留的物质的量为

$$\mathrm{Mexp}\,(-D_T t / V_T Z_T) = \mathrm{Mexp}\,(-K_O t) \quad (5.6)$$

5.1.2　江西省土壤环境质量监测指标筛选及验证

5.1.2.1　模型参数

2014 年，我国农药生产和使用中用量最大的各类农药有 41 种。其中，敌鼠钠盐、溴敌隆、氢氧化铜、井冈霉素、硫酸铜的理化参数性质尚未在文献中收集到（束放，2015）。因此，初步筛选出拟进行风险评价的品种 36 种。另外，DDT 用来对模型验证。表 5.2、表 5.3 列出了各品种进行模型模拟所需的参数。其中，最大施用量和最大施用次数从中国农药信息网和调查查的。农药的理化参数从农药电子手册（The e–pesicide Mannual)、USEPA 农药行为数据库（http://cfpub.epa.gov/pfate/home.cfm）及 FOOTPRINT 农药特性数据库（http://sitem.herts.ac.uk/aeru/footprint/）获得。区域环境数据从《江西统计年鉴 2013》获得。江西省 1983 年 DDT 的使用量参考文献中的数据。

表 5.2　多环境介质模型输入参数

参数	缩写	单位	参数值
土壤面积	A	m^2	55258900000
土壤深度	Y_S	m	0.15
扩散路径长度	D_{PL}	m^3	0.05
孔隙空气体积分数	V_A	—	0.2
孔隙水体积分率	V_W	—	0.3
渗出率	U_L	$mm \cdot d^{-1}$	5
空气边界层厚度	A_{BLT}	m	0.00475

续表

参数	缩写	单位	参数值
空气分子扩散系数	BA	$m^2 \cdot h^{-1}$	0.43
水分子扩散系数	BW	$m^2 \cdot h^{-1}$	0.000043
根系体积分数	V_{FR}	—	0.01
根系油脂分数	F_{LR}	—	0.025
空气密度	A_D	$kg \cdot m^{-3}$	1.19
水密度	W_D	$kg \cdot m^{-3}$	1000
有机质密度	OM_D	$kg \cdot m^{-3}$	1000
矿物质密度	MM_D	$kg \cdot m^{-3}$	2500
根系密度	R_D	$kg \cdot m^{-3}$	1000
土壤有机碳含量	M_{DS}	—	0.0363
有机质碳含量	M_{DM}	—	0.56

5.1.2.2 模型结果验证

由于环境的复杂性和可变性，多介质环境模型只能是对真实环境的简化，模型输出只能是对污染物归宿的近似模拟，因此模型结果的验证过程非常重要。用实测数据对模型结果进行验证，如果结果差值在一个数量级之内，表明模型结果能够比较客观地描述污染物的多介质环境行为（表 5.4）。由于近年来土壤中残留农药的调查研究较少，因此，只对文献中出现的 3 种农药进行了验证。

敌敌畏、DDT、乐果的模型预测值分别为 0.0578 mg/kg、0.573 mg/kg、0.0174 mg/kg。珠江河口地区地区敌敌畏的浓度范围为未检出至 0.0134 mg/kg，乐果浓度范围为未检出至 46.26 mg/kg，江西省 DDT 的平均浓度为未检出至 1.69 mg/kg，广东地区 DDT 的平均浓度为未检出至 0.158 mg/kg。可以发现，敌敌畏的模型预测值与实际敌敌畏调查的最大值在一个数量级，而 DDT 和乐果的预测值在调查值范围之内，与最大值相差在一个数量级。

5.1.2.3 模型影响因素分析

（1）灵敏度分析。灵敏度分析最简单的方法是假定模型中的每个参数依次按照预先设定的步长或分割点变化，从而得出输出结果的相对变化量与输入参数的相对变量之比，公式如下。

表 5.3　常用农药及其理化常数

化合物名称	英文名称	CAS	分子量	水溶解度 $(g \cdot m^{-3})$	蒸汽压 Pa	lg K_{OW}	K_{OC}	土壤半衰期 h	公顷使用量 t
敌敌畏	Dichlorvos	62–73–7	211	10000	2.1	1.43	50	240	0.1234
毒死蜱	Chlorpyrifos	2921–88–2	350.59	0.73	0.00227	4.92	8151	170	0.1110
辛硫磷	Phoxim	14816–18–3	298.3	3.4	0.000018	4.1	686	480	0.0925
敌百虫	Trichlorphon	52–68–6	257.44	154000	0.001	0.51	10	48	0.0864
杀虫双	Bisultap	52207–48–4	355.4	500000	13	–4.68	100	240	0.0740
氧乐果	Omethoate	1113–02–6	213.2	10000	0.00331	–0.74	10	72	0.0678
乙酰甲胺磷	Acephate	30560–19–1	183.16	818000	0.000227	–0.85	2	72	0.0555
杀虫单	Monosultap	52207–48–4	355.4	500000	0	–4.68	100	240	0.0493
三唑磷	Triazophos	24017–47–8	313.3	39	0.000387	3.55	348	960	0.0432
乐果	Dimethoate	60–51–5	229.12	39800	0.00025	0.78	20	168	0.0370
吡虫啉	Imidacloprid	138261–41–3	255.69	610	0	0.57	300	1200	0.0247
噻嗪酮	Buprofezin	953030–84–7	305.4	0.387	0.0000042	4.93	5200	2400	0.0154
多菌灵	Carbendazim	10605–21–7	191.2	8	0.000009	1.38	400	2880	0.1030
甲基硫菌灵	Thiophanate-methyl	23564–05–8	342.4	30	0.0000095	1.5	1830	240	0.0925
代森联	Metiram	9006–42–2	1088.6	0.1	0.000001	0.3	500000	480	0.0802
百菌清	Chlorothalonil	1897–45–6	265.9	0.6	1.3332	4.38	1380	720	0.0617
三环唑	Tricyclazole	41814–78–2	189.2	1600	0.000586	1.42	1000	504	0.0493
三唑酮	Triadimefon	43121–43–3	293.75	71.5	0.0000002	2.77	300	624	0.0370

续表

化合物名称	英文名称	CAS	分子量	水溶解度/(g·m^{-3})	蒸汽压/Pa	lg K_{OW}	K_{OC}	土壤半衰期/h	公顷使用量/t
福美双	Thiram	137–26–8	240.4	30	0.00002	2.1	670	360	0.0247
稻瘟灵	Isoprothiolane	50512–35–1	290.4	48.5	0.0493	2.8	100	7824	0.0154
甲霜灵	Metalaxyl	57837–19–1	279.33	8400	0.000747	1.65	50	1680	0.0093
草甘膦	Glyphosate	1071–83–6	169.1	900000	0.0000131	–3.2	24000	1128	0.1850
乙草胺	Acetochlor	34256–82–1	269.8	282	0.000022	4.14	128	240	0.1727
莠去津	Atrazine	6190–65–4	215.68	30	0.00004	2.75	95	1700	0.1542
百草枯	Paraquat	1910–42–5	257.2	620000	0	–4.5	100000	24000	0.1234
丁草胺	Butachlor	23184–66–9	311.9	23	0.000386	4.5	700	1344	0.1049
2–4–D–丁酯	2，4-D Butylester	94–80–4	277.14	0.00001	0.000821	4.4	530	240	0.0987
灭草松	Bentazone	25057–89–0	240.3	2300000	0.00046	2.8	51	312	0.0925
异丙甲草胺	Metolachlor	51218–45–2	283.8	530	0.00419	3.13	200	2160	0.0802
2 甲 4 氯	MCPA	94–74–6	200.6	866000	0.0000023	–0.71	20	600	0.0678
氟磺胺草醚	Fomesafen	72178–02–0	438.8	700000	0.0000004	2.2	60	1200	0.0555
氟乐灵	Trifluralin	1582–09–8	335.28	0.3	0.000611	5.34	8765	4344	0.0247
二氯喹啉酸	Quinclorac	84087–01–4	242.1	0.065	0.00001	2.97	46.63	544.8	0.0062
乙烯利	Ethephon	16672–87–0	144.49	1239000	0.00001	–0.22	5000	120	0.0123
多效唑	Paclobutrazol	76738–62–0	293.8	35	0.0019	3.2	400	4800	0.0062
缩节胺	Mepiquat chloride	24307–26–4	149.7	1000000	0	–2.82	1000000	24000	0.0056

表 5.4　基于多环境介质模型的土壤环境质量监测指标排序结果

化合物名称	预测值 / (mg · kg^{-1})	半致死浓度 / (mg · kg^{-1})	生态风险	排序
敌敌畏	0.058	50	1.16×10^{-3}	1
毒死蜱	0.0492	82	6.00×10^{-4}	3
辛硫磷	0.0395	2170	1.82×10^{-5}	19
敌百虫	0.0406	250	1.62×10^{-4}	6
杀虫双	0.0348	451	7.72×10^{-5}	8
氧乐果	0.0319	50	6.38×10^{-4}	2
乙酰甲胺磷	0.0261	1447	1.80×10^{-5}	20
杀虫单	0.0232	451	5.14×10^{-5}	11
三唑磷	0.0192	66	2.91×10^{-4}	5
乐果	0.0174	500	3.48×10^{-5}	13
吡虫啉	0.0116	450	2.58×10^{-5}	15
噻嗪酮	0.00659	2198	3.00×10^{-6}	32
多菌灵	0.0441	10000	4.41×10^{-6}	29
甲基硫菌灵	0.0435	7500	5.80×10^{-6}	27
代森联	0.0377	5000	7.54×10^{-6}	24
百菌清	0.0263	10000	2.63×10^{-6}	33
三环唑	0.0232	314	7.39×10^{-5}	10
三唑酮	0.0172	1000	1.72×10^{-5}	22
福美双	0.0116	3700	3.14×10^{-6}	31
稻瘟灵	0.00704	1190	5.92×10^{-6}	26
甲霜灵	0.00463	669	6.92×10^{-6}	25
草甘膦	0.0871	5000	1.74×10^{-5}	21
乙草胺	0.0532	2148	2.48×10^{-5}	16
莠去津	0.0707	672	1.05×10^{-4}	7
百草枯	0.0581	129	4.50×10^{-4}	4
丁草胺	0.039	1740	2.24×10^{-5}	17
2–4–D–丁酯	0.037	500	7.40×10^{-5}	9
灭草松	0.0416	1100	3.78×10^{-5}	12
异丙甲草胺	0.0364	2780	1.31×10^{-5}	23
2–甲–4–氯	0.0319	962	3.32×10^{-5}	14
氟磺胺草醚	0.0258	1250	2.06×10^{-5}	18
氟乐灵	0.0101	1930	5.23×10^{-6}	28
二氯喹啉酸	0.00272	2680	1.01×10^{-6}	36
乙烯利	0.00579	4000	1.45×10^{-6}	34
多效唑	0.00285	2000	1.43×10^{-6}	35
缩节胺	0.00264	780	3.38×10^{-6}	30

$$SC_i = \frac{\Delta Y_i / Y_i}{\Delta X_i / X_i} \tag{5.7}$$

式中：SC_i 是模型某一参数的灵敏度系数；Y_i 是所模拟的状态量；X_i 是模型所输入参数。

将模型输入参数变化 +10%，计算灵敏度。当输入参数变化 +10% 时，灵敏度因子大于 2 的参数对模型的灵敏度非常显著，灵敏度因子大于 1 而小于 2 的参数对模型的灵敏度显著，灵敏度因子小于 1 大于 0.95 的参数对模型的灵敏度比较显著，灵敏度因子小于 0.95 的参数对模型灵敏度较小。本书选取了部分模型参数对其进行灵敏度分析，见表 5.5。

表 5.5　多环境介质模型灵敏度系数表

参数	敌敌畏	乐果	DDT
水溶解度	0.0000	0.0000	0.7330
蒸汽压	0.0000	0.0000	0.7330
lg K_{OW}	–0.0172	0.0000	–0.4363
K_{OC}	0.0000	0.0000	0.7679
土壤半衰期	0.0000	0.0000	0.7330
江西用量	1.6034	0.9770	1.7976

从表 5.5 中可以看出，模型对不同污染物对各参数的变化反应是不同的。其中，使用量对农药在土壤中的残留影响非常显著，敌敌畏和 DDT 的灵敏度显著，乐果的灵敏度属于比较显著。而 lgK_{OW} 对农药的影响是负相关的，且灵敏度对模型的灵敏度均较小。

（2）用量对模型的影响。农药使用量直接决定农药进入环境中的量，以莠去津棉花上施用方式为例，保持其他输出项固定，计算模型值随农药使用量的变化情况，两个模型值与农药使用量的关系见图 5.3。很明显，两个模型的农药使用量和模型值之间均呈线性关系，改变农药使用量将直接影响模型值。

（3）lgK_{OW} 对模型的影响。土壤有机碳分配系数 lgK_{OW} 是描述农药在土壤中吸附特征的重要参数，lgK_{OW} 值越大，土壤对农药的吸附能力越强，淋溶到地下水中的农药就越少。为了比较对个模型 lgK_{OW} 值影响程度的大小，以克百威棉花沟

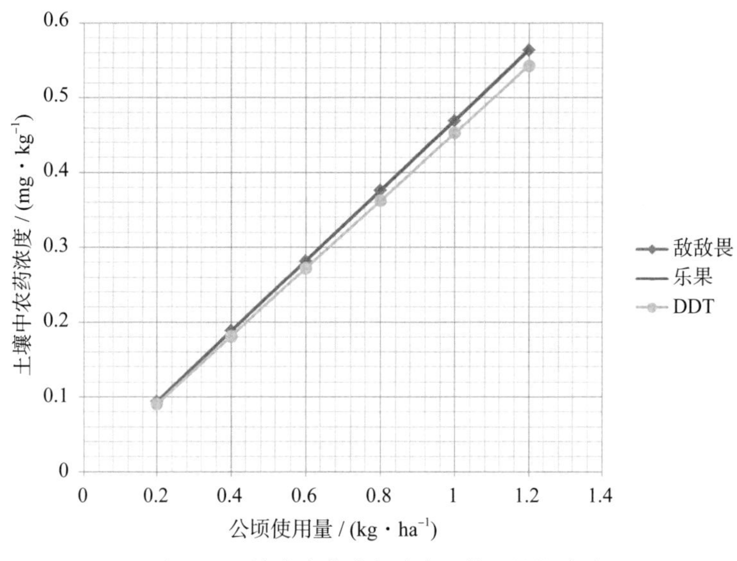

图 5.3　土壤中农药残留浓度和使用量的关系

施和莠去津夏玉米地面喷雾为例，保持其他输入项固定，计算改变对模型 $\lg K_{OW}$ 值的影响程度。不考虑水解因素种农药施用方式的模型值和的关系，见图 5.4。

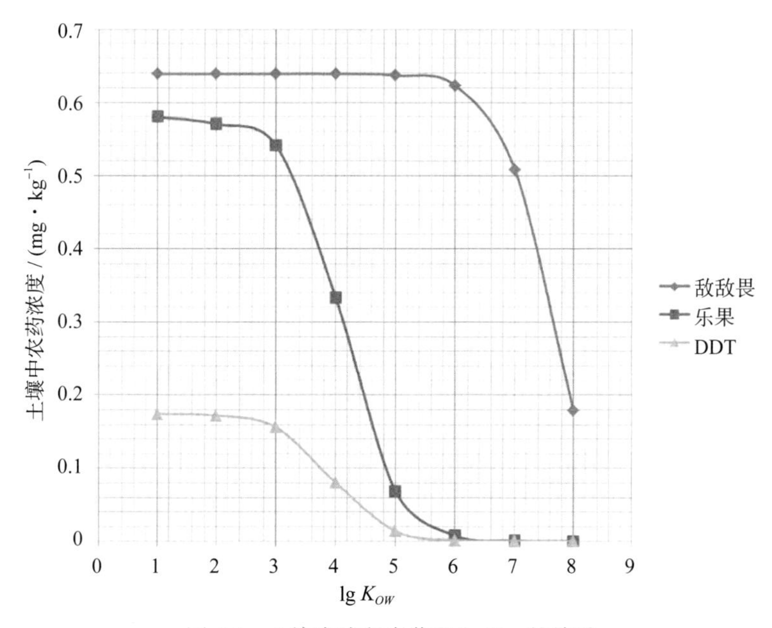

图 5.4　土壤中残留农药和 $\lg K_{OW}$ 的关系

5.2 基于健康风险评价的区域土壤环境质量监测指标筛选

5.2.1 土壤健康风险评价模型

健康风险评价是以风险度作为指标，把环境污染与人体健康联系起来，定量描述重金属污染物对人体产生健康危害的风险。不同类型污染物通过土壤—人体暴露途径后所引起的健康风险评价模型，包括致癌物所产生健康危害的模型和非致癌物所产生健康危害的风险模型。致癌模型和非致癌模型均采用美国环境保护署推荐的模型。暴露途径包括三种方式：经口、呼吸、皮肤接触。通过这三种方式进入人体的每日摄入量可以分别如下公式计算：

$$ADD_{\text{ingest}} = \frac{c \times IngR \times EF \times ED \times CF}{BW \times AT} \tag{5.8}$$

$$ADD_{\text{inh}} = \frac{c \times SA \times AF \times ABS \times EF \times ED \times CF}{BW \times AT} \tag{5.9}$$

$$ADD_{\text{der}} = \frac{c \times EF \times ED}{PEF \times AT} \tag{5.10}$$

公式中参数的详细描述和数值在表 5.6 中给出。

健康风险评估中所用参数值及其意义在表 5.6 中给出。

非致癌风险指数（HI）表示多个物质通过多种暴露途径计算后，与参考剂量对比后得到的指数。某些污染物没有真皮途径参考剂量，其参考剂量用口服参考剂量表示。癌症风险（CR）通过暴露剂量乘以斜率因子表征。斜率因子（SF）是由口腔摄入途径、皮肤接触（SFO × ABSGI）和吸入单位风险（IUR）组成。吸入风险计算基于最新的美国环保署暴露途径计算方法。新方法的摄入量计算不同于旧方法，其中包括考虑吸入率和体重。新方法表明，化学物质的数量达到目标站点通过吸入暴露浓度直接相关（EC），不是一个简单的吸入率和体重（EPA，2009 b；Rovira et al.，2011）。危险指数（HI）和致癌风险可以被估计使用：

$$HI = \sum \frac{ADD}{RfD} \tag{5.11}$$

$$\text{Cancer Risk} = ADD \times SF \tag{5.12}$$

致癌风险仅计算有斜率因子的污染物，PAH 斜率因子是根据 BaP 的毒性因子换算而来。多环芳烃致癌风险是所有多环芳烃同系物致癌风险之和。致癌和非致癌风险的计算考虑了成人和儿童。总风险是各种途径得到的风险和（USEPA，2013；Liu et al.，2013；Ferreira and Miguel，2005）。

如果 $HI<1$，说明没有非致癌风险。相反，如果 $HI>1$，说明污染物有非致癌风险。癌症风险可以定性描述如下：当致癌风险指数 $CR \leqslant 10^{-6}$，说明致癌风险较低；当 $10^{-6}<CR<10^{-4}$，有一定的致癌风险；当 $10^{-4} \leqslant CR<10^{-3}$，致癌风险较高；当 $10^{-3} \leqslant CR<10^{-1}$，致癌风险高；当 $CR \geqslant 10^{-1}$ 时，致癌风险非常高。

表 5.6　土壤健康风险评价中所用参数

参数	符号	单位	数　　值
体重	*BW*	kg	70（男人）；15（小孩）
平均时间	*AT*	d	ED × 365（非致癌），25550（致癌）
接触频率	*EF*	$d \cdot a^{-1}$	350
暴露时间	*ED*	a	24（男人）；6（小孩）
土壤摄取率	*IngR*	$mg \cdot d^{-1}$	100（男人）；200（小孩）
换算因子	*CF*	$kg \cdot mg^{-1}$	1×10^{-6}
表面面积	*SA*	$cm^2 \cdot d^{-1}$	5700（男人）；2800（小孩）
皮肤接触因子	*AF*	$mg \cdot cm^2$	0.5（金属元素）；0.2（有机物）
吸收率	*ABS*	unitless	0.03（As）；0.001（除了 As 的金属元素）；0.1（有机物）
肠胃吸收因子	ABS_{GI}	unitless	2.44 (As)，3.4 (BaP)，1 (p，p′–DDD，p，p′–DDT，p，p′–DDE，α–BHC，β–BHC，γ–BHC，DEHP，PCBs)
颗粒排放因子	*PEF*	$m^3 \cdot kg^{-1}$	1.36×10^9
摄入参考值	Oral *RfD*	$mg \cdot kg^{-1} d^{-1}$	0.0003 (As)，0.001 (Cd)，0.02 (Co)，0.003 (Cr)，0.04 (Cu)，0.0003 (Hg)，0.046 (Mn)，0.02 (Ni)，0.0035 (Pb)，0.005 (Se)，0.007 (V)，0.3 (Zn)，0.002 (p，p′–DDD)，5×10^{-4} (p，p′–DDT)，0.008 (α–BHC)，3×10^{-4} (γ–BHC)，0.8 (DEP)，0.1 (DnBP)，0.02 (DEHP)，0.01 (DnOP)
皮肤接触参考值	Dermal *RfD*	$mg \cdot kg^{-1} \cdot d^{-1}$	1.23×10^{-4}(As)，1.00×10^{-5} (Cd)，0.016 (Co)，
吸收参考值	Inhal *RfD*	$mg \cdot m^{-3}$	5.71×10^{-6}(Co)，2.86×10^{-5} (Cr)，8.57×10^{-5} (Hg)，1.43×10^{-5} (Mn)
经口斜率因子	*SFO*	$(mg \cdot kg^{-1} \cdot d^{-1})^{-1}$	1.5 (As)，6.3 (Cd)，42 (Cr)，0.84 (Ni)，0.24 (p，p′–DDD)，0.34 (p，p′–DDT)，0.34 (p，p′–DDE)，6.3 (α–BHC)，1.8 (β–BHC)，1.1 (γ–BHC)，0.014 (DEHP)，7.3 (BaP)，2 (PCBs)

续表

参数	符号	单位	数　　值
皮肤接触因子	$SFO \times ABS_{GI}$	$(mg \cdot kg^{-1} \cdot d^{-1})^{-1}$	3.66 (As)，0.24 (p，p′–DDD)，0.34 (p，p′–DDT)，0.34 (p, p′–DDE), 6.3 (α–BHC), 1.8 (β–BHC), 1.1 (γ–BHC), 0.014 (DEHP)，2 (PCBs)，25 (BaP)
吸入单位风险值	IUR	$(mg \cdot m^{-3})^{-1}$	As (15.1), 6.3 (Cd), 9.8 (Co), Cr (42), Ni (0.84), 0.069 (p, p′–DDD)，0.097 (p，p′–DDT)，0.097 (p，p′–DDE)，1.8 (α–BHC), 0.53 (β–BHC), 0.31 (γ–BHC), 0.0024 (DEHP), 0.57 (PCBs)，3.85 (BaP)

5.2.2 江西省土壤环境质量监测指标筛选研究

5.2.2.1 土壤人体健康风险评价结果

污染物通过非饮食途径得到的致癌风险和非致癌风险总结在表 5.7。儿童由于其生理特征和生活习性，其致癌和非致癌风险比成年人高。金属元素里，As 和 Cd 的非致癌风险元素高，这是由于土壤中高浓度和低 RfD 值。As 的 95 分位（95th）非致癌风险大于 1，表明其对人体有非致癌风险。对于成人和儿童来说，As 致癌风险的平均值均大于 10^{-6}，而 95 分位致癌风险大于 10^{-4}(表 5.8)。这说明，江西的 As 非致癌风险和致癌风险应该受到重视，并采取措施。这与江西 As 高背景值有关。江西省土壤 As 的背景值分别是大陆地壳和世界土壤均值的 6.12 倍和 2.08 倍。江西 As 的癌症村（通常指的是一个村庄中，癌症的发病率明显高于平均水平）往往是地理集群。此外，由于广泛存在的非标准化生产过程的采矿和冶炼企业，大量的 As 通过污水灌溉、废品运输和污水进入土壤。江西土壤中 As 的浓度与肺癌、大肠癌、白血病、乳腺癌显著相关（表 5.9)(曾昭华和曾雪萍，2000)。

表 5.7　江西省土壤人体健康非致癌风险

风险	成人非致癌风险		儿童非致癌风险	
	平均值	95th	平均值	95th
As	2.91×10^{-1}	1.15	3.32×10^{-1}	1.32
Cd	1.97×10^{-1}	7.80×10^{-1}	1.13×10^{-1}	4.47×10^{-1}
Co	2.38×10^{-3}	4.61×10^{-3}	2.35×10^{-3}	4.55×10^{-3}
Cr	7.31×10^{-2}	1.32×10^{-1}	9.33×10^{-2}	1.69×10^{-1}
Cu	1.20×10^{-3}	2.13×10^{-3}	2.62×10^{-3}	4.64×10^{-3}

续表

风险	成人非致癌风险		儿童非致癌风险	
	平均值	95th	平均值	95th
Hg	6.86×10^{-4}	1.79×10^{-3}	1.25×10^{-3}	3.26×10^{-3}
Mn	4.20×10^{-2}	9.67×10^{-2}	3.94×10^{-2}	9.06×10^{-2}
Ni	1.99×10^{-3}	3.85×10^{-3}	4.31×10^{-3}	8.33×10^{-3}
Pb	1.77×10^{-2}	3.38×10^{-2}	3.62×10^{-2}	6.95×10^{-2}
Se	8.13×10^{-5}	2.14×10^{-4}	1.90×10^{-4}	4.99×10^{-4}
V	6.63×10^{-2}	1.08×10^{-1}	6.83×10^{-2}	1.12×10^{-1}
Zn	4.85×10^{-4}	8.34×10^{-4}	1.03×10^{-3}	1.76×10^{-3}
p，p′-DDD	4.64×10^{-7}	1.91×10^{-6}	1.08×10^{-6}	4.46×10^{-6}
p，p′-DDT	5.21×10^{-2}	1.31×10^{-1}	0.072772	0.18224
α-BHC	2.95×10^{-4}	7.44×10^{-4}	4.12×10^{-4}	1.04×10^{-3}
γ-BHC	1.70×10^{-3}	4.49×10^{-3}	2.37×10^{-3}	6.27×10^{-3}
DEP	3.76×10^{-5}	8.42×10^{-5}	5.25×10^{-5}	1.18×10^{-4}
DnBP	4.85×10^{-3}	1.12×10^{-2}	6.77×10^{-3}	1.56×10^{-2}
DEHP	4.88×10^{-2}	1.21×10^{-1}	6.81×10^{-2}	1.68×10^{-1}
DnOP	1.36×10^{-3}	2.35×10^{-3}	1.89×10^{-3}	3.27×10^{-3}

表 5.8　江西省土壤重金属人体健康致癌风险

风险	成人致癌风险		儿童致癌风险	
	平均值	95th	平均值	95th
As	5.11×10^{-5}	2.11×10^{-4}	$5.30\text{E}\times10^{-5}$	2.19×10^{-4}
Cd	4.10×10^{-11}	1.14×10^{-10}	6.46×10^{-11}	1.79×10^{-10}
Co	2.75×10^{-9}	5.61×10^{-9}	6.74×10^{-9}	1.37×10^{-8}
Cr	1.45×10^{-8}	2.77×10^{-8}	1.52×10^{-7}	2.91×10^{-7}
Ni	5.90×10^{-9}	1.21×10^{-8}	1.24×10^{-9}	2.54×10^{-9}

表 5.9　江西省土壤有机物人体健康致癌风险

风险	成人致癌风险		儿童致癌风险	
	平均值	95th	平均值	95th
p，p′-DDD	1.64×10^{-10}	6.75×10^{-10}	2.28×10^{-10}	9.42×10^{-10}

续表

风险	成人致癌风险		儿童致癌风险	
	平均值	95th	平均值	95th
p，p′-DDT	3.04×10^{-9}	7.62×10^{-9}	4.24×10^{-9}	1.06×10^{-8}
p，p′-DDE	1.47×10^{-9}	4.98×10^{-9}	2.05×10^{-9}	6.94×10^{-9}
α-BHC	5.10×10^{-9}	1.29×10^{-8}	7.12×10^{-9}	1.79×10^{-8}
β-BHC	5.39×10^{-10}	1.39×10^{-9}	2.68×10^{-10}	7.10×10^{-10}
γ-BHC	1.92×10^{-10}	5.09×10^{-10}	7.52×10^{-10}	1.94×10^{-9}
DEHP	4.76×10^{-9}	1.18×10^{-8}	6.54×10^{-9}	1.62×10^{-8}
Σ_{16} PAH	1.18×10^{-8}	4.52×10^{-8}	1.65×10^{-8}	6.31×10^{-8}
Σ_{38} PCBs	1.22×10^{-7}	3.42×10^{-7}	1.13×10^{-7}	3.18×10^{-7}

5.2.2.2 哈斯图分析

环境中许多对象都是多指标系统。例如，环境中对人类健康有毒有害化学物质的优先级、区域性环境污染及流域健康的完整性等。于是，需要基于序理论（Order theory）开发出多指标排序方法理论（Bruggemann et al.，2010），从而反映出对象与对象之间以及各个指标之间的特点。常用的方法是哈斯图技术（Hasse Diagram Technique，HDT）。近年来，有许多关于 HDT 在环境与生态领域中应用的研究（Bruggeman et al.，2008；Voigt et al.，2006）。根据文献（Tsakovski et al.，2011；Tsakovski et al.，2010），对 HDT 基本原理作简要说明：在 HDT 中，对象（元素）E 的排序是通过所有的变量（属性）来实现的，这些属性构成一个集合，称为信息数据库（Information Basis，IB）。需处理数据矩阵 D（$M*N$）包含了 M 个元素（对象），每个对象含 N 个变量（属性）。D 中第 i 个元素的第 j 个属性的数值记着 y_{ij}，两个元素 u 和 v 是可比较的。如果 u，$v\in E$；$u\leqslant v\Leftrightarrow y(u)\leqslant y(v)$，反之 $y(u)\leqslant y(v)\Leftrightarrow y_r(u)\leqslant y_r(v)$，$y\in IB$；若存在一个 y 使得 $y(u)>y(v)$，那么 u 与 v 是不可比较的。偏序集可很方便地使用哈斯矩阵产生，哈斯矩阵表达了每一对元素之间的关系。每一对元素之间的关系表示如下。

$$H_{uv}=\begin{cases}+1 & \text{如果 } y_r(u)\geqslant y_r(v),\ \forall y_r\in IB \\ -1 & \text{如果 } y_r(u)<y_r(v),\ \forall y_r\in IB \\ 0 & \text{其他}\end{cases} \tag{5.13}$$

两个元素之间可存在一个覆盖关系，若不存在元素 $a \in D$，使得 $u \leqslant a \leqslant v$，$a \neq u \wedge a \neq v$，则称 v 覆盖 u。哈斯矩阵中的覆盖关系，可通过哈斯图实现可视化表达，且是带有识别码标识的小圆圈将元素或是等价类用线连接起来。存在覆盖关系的元素用线连接。关于哈斯图可视化所遵循的原则可以参考文献（Voigt et al., 2006）。哈斯图是有方向的。因此，仅在一个方向读取，没有被其他对象覆盖的对象称为最大对象，没有覆盖其他对象的称为最小对象。在有些哈斯图中也存在孤立的对象，这类对象被同时认为是最大对象与最小对象。链是有可比较的元素构成的集合；因此，由图最长链确定的级数。反链是由互相不能比较的元素组成的。哈斯图的高度是最长的链，宽度是最长的反链。针对哈斯图描述对象属性的敏感性分析是通过相异矩阵 W 矩阵实现的。基于不同信息库 IB 的子集（含 N–1 个属性），W 矩阵通过偏序集间的矩阵距离度量各属性的影响。本研究分析的对象是流域监测各个断面，各个断面的属性便是水质参数，有关 HDT 计算是基于 Windows XP 操作系统软件包 ART（Decision Analysis by Ranking Techniques）实现的。偏序关系是集合上的传递关系。它提供了一种比较集合元素间次序的工具，其哈斯图简单形象地描述了集合间元素的关系然而对一个给定的偏序关系（表 5.10）。

表 5.10　江西省土壤污染物人体健康风险率

风险	成人非致癌风险		成人致癌风险	
	均值	风险率 / %	均值	风险率 / %
As	2.91×10^{-1}	37.6	5.11×10^{-5}	92.8
Cd	1.97×10^{-1}	23.2	4.10×10^{-11}	0
Co	2.38×10^{-3}	0	2.75×10^{-9}	0
Cr	7.31×10^{-2}	2.14	1.45×10^{-8}	0
Cu	1.20×10^{-3}	0		0
Hg	6.86×10^{-4}	0		0
Mn	4.20×10^{-2}	0.18		0
Ni	1.99×10^{-3}	0.12	5.90×10^{-9}	0
Pb	1.77×10^{-2}	0		0
Se	8.13×10^{-5}	0		0
V	6.63×10^{-2}	0.24		0
Zn	4.85×10^{-4}	0		0

续表

风险	成人非致癌风险		成人致癌风险	
	均值	风险率 / %	均值	风险率 / %
p，p′-DDD	4.64×10^{-7}	3.79	1.64×10^{-10}	0
p，p′-DDT	5.21×10^{-2}	0	3.04×10^{-9}	0.28
p，p′-DDE	0	0	1.47×10^{-9}	0.1
α-BHC	2.95×10^{-4}	0	5.10×10^{-9}	2.2
β-BHC	0	0	5.39×10^{-10}	0
γ-BHC	1.70×10^{-3}	0.01	1.92×10^{-10}	0
DEP	3.76×10^{-5}	0	0	0
DnBP	4.85×10^{-3}	0	0	0
DEHP	4.88×10^{-2}	0.18	4.76×10^{-9}	0.17

5.2.2.3 指标筛选结果

本书选择成人非致癌健康风险均值和风险率、成人致癌风险均值和风险率 4 项参数进行哈斯图排序，利用软件 DART 2.05 进行哈斯图制图，得到的结果，如图 5.5 所示。

如图 5.5 所示，根据 4 项参数值，将所有污染物分成 11 个等级（level 1–level 8 依次由好到差），直观地反映出各个监测污染物的等级。结合表的实际情况，可以看出等级最高的是 As，其四项指标均高于所有其他污染物。其次是 PAHs，α-BHC，DEHP，Cr，p，p′-DDT，Cd，PCBs，这些污染物的 4 项参数值较高，但部分参数值高于其他污染物，而部分参数值低于其他污染物，因此排在第二等级。以此类推，分别得到各污染物的排序等级。DEP 的 4 项参数均低于所有污染物，因此，DEP 的级别最低，是最不需要关注的污染物。

结合各污染物的致癌风险和非致癌风险 95 分位值数据，结合上一节的分析，可以看出，只有 As 的致癌风险和非致癌风险超过了接受的范围内。而其他污染物的 95 分位值的致癌风险和非致癌风险均在可以接受的范围内。综合推断，As 是江西省土壤环境监测的最优先指标，是需要进行例行监测的指标。而通过排序得到其他污染物的优先级，可以作为以后土壤调查的重要参考。

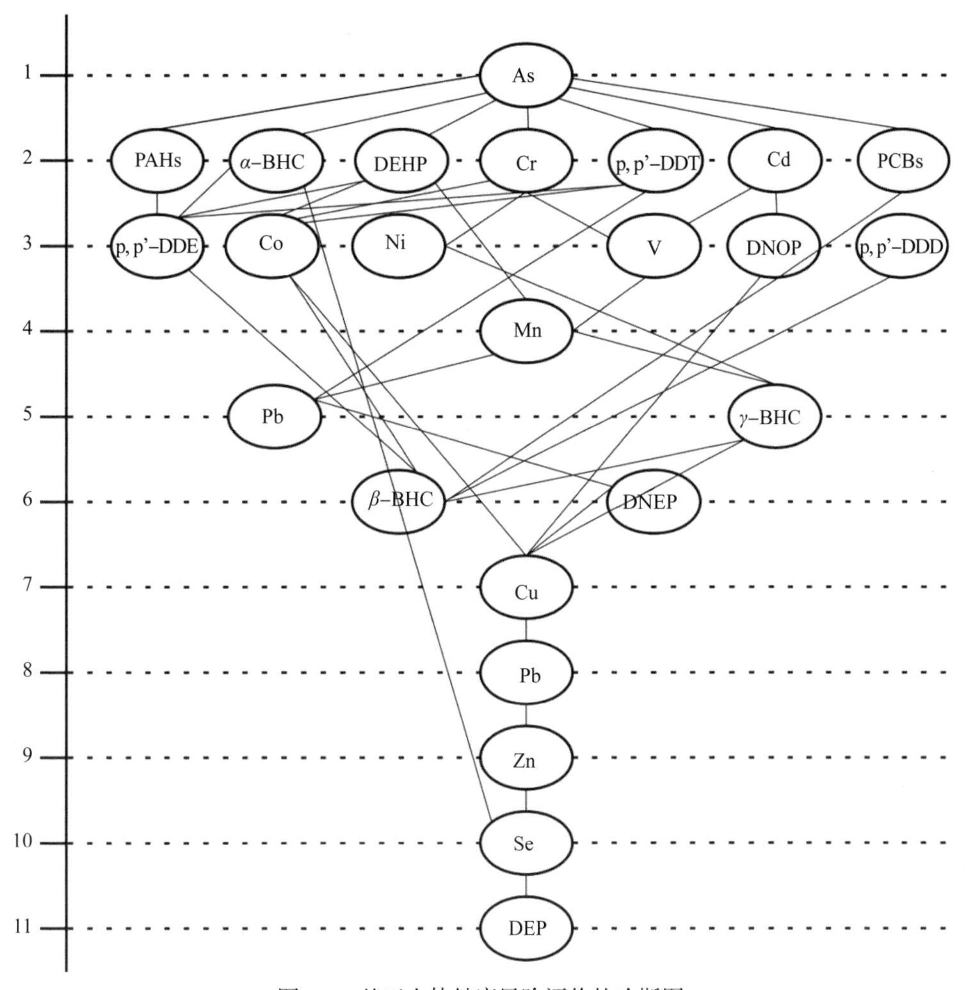

图 5.5　基于人体健康风险评价的哈斯图

5.3　不同方法筛选的区域土壤环境质量监测指标的对比分析

5.3.1　对比分析

5.3.1.1　基于多环境介质模型的监测指标筛选对比分析

利用 K 均值聚类分析法，将多元数据形成数据矩阵。在这个数据矩阵中，共有 36 个农药化合物（列向）、1 个生态风险指数（行向）。利用 SPSS 软件完成 K 均值聚类，把生态风险指数分为五级，得出各聚类成员，见表 5.11。

表 5.11 基于多环境介质模型的监测指标筛选 K 均值聚类分级

分级	农药化合物
一	敌敌畏
二	氧乐果、毒死蜱
三	百草枯
四	三唑磷、莠去津、敌百虫
五	杀虫双、2-4-D- 丁酯、三环唑、杀虫单、灭草松、乐果、2- 甲 -4- 氯、吡虫啉、乙草胺、丁草胺、氟磺胺草醚、辛硫磷、乙酰甲胺磷、草甘膦、三唑酮、异丙甲草胺、代森联、甲霜灵、稻瘟灵、甲基硫菌灵、氟乐灵、多菌灵、缩节胺、福美双、噻嗪酮、百菌清、乙烯利、多效唑、二氯喹啉酸

利用几何分级法，将 36 个农药化合物的生态风险指数进行分级。等比级数定义分级标准，共分为五级，即利用公式：

$$a_n = a_1 q^{n-1} \tag{5.14}$$

式中：a_n 为生态风险指数最大值；a_1 为生态风险指数最小值；q 为等比常数；$n = 6$。

将生态风险指数区间 [0.00116，0.00000101] 几何分为 5 个区间，根据等比数列计算区间的大小。计算后，0.00028 ~ 0.00116 为一级，0.000069 ~ 0.00028 为二级，0.0000169 ~ 0.000069 为三级，0.0000041 ~ 0.0000169 为四级，0.000001 ~ 0.0000041 为五级，具体见表 5.12。

表 5.12 基于多环境介质模型的监测指标筛选几何分级

分级	农药化合物
一	敌敌畏、氧乐果、毒死蜱、百草枯、三唑磷
二	莠去津、敌百虫、杀虫双、2-4-D- 丁酯、三环唑
三	杀虫单、灭草松、乐果、2- 甲 -4- 氯、吡虫啉、乙草胺、丁草胺、氟磺胺草醚、辛硫磷、乙酰甲胺磷、草甘膦、三唑酮
四	异丙甲草胺、代森联、甲霜灵、稻瘟灵、甲基硫菌灵、氟乐灵、多菌灵
五	缩节胺、福美双、噻嗪酮、百菌清、乙烯利、多效唑、二氯喹啉酸

几何分级法是为了弥补分值差距较大且分布不均匀而采用的方法，即利用等比级数定义指数的分级，分类比较均匀。K 均值聚类分析算法是在样品之间定义距离，在变量之间定义相似系数，按相似程度的大小，将样品（或变量）逐一归类，关系密切的类聚集到一个小的分类单位，然后逐步扩大，使得关系疏远的聚

合到一个大的分类单位，此方法综合考察化合物的各项特征，分辨它们相互之间的亲疏程度和相似程度。其分类的结果只是对不同类别达到了区分，并不能确定类别的属性。而且，*K* 均值聚类得到的结果不平均，例如第一级中只有 1 种污染物，而第五级却有 29 种。因此，优选出几何分级法对生态风险指数进行分级。

5.3.1.2 基于健康风险评价的监测指标筛选对比分析

利用哈斯图技术对 21 个污染物的 4 个健康风险指标（成人人体健康风险均值、成人人体健康风险率、儿童人体健康风险均值、儿童人体健康风险率）进行分级，分级结果见表 5.13。

表 5.13 基于健康风险评价的监测指标筛选哈斯图技术分级

分级	污染物
一	As
二	PAHs，α-BHC，DehP，Cr，p，p′-DDT，Cd，PCBs
三	p，p′-DDE，Co，Ni，V，DnoP，p，p′-DDD
四	Mn
五	Pb，γ-BHC
六	β-BHC，DenP
七	Cu
八	Pb
九	Zn
十	Se
十一	DeP

利用 *K* 均值聚类分析法，将多元数据形成数据矩阵。在这个数据矩阵中，共有 21 个污染物（列向）、4 个健康风险指标（行向）。利用 SPSS 软件完成 *K* 均值聚类，把不同污染物分为五级，得出各聚类成员，见表 5.14。

通过比较 POT 结合线性外推（POT/LE）法和其他多标准分析方法（Multi-Criteria Analysis，MCA），认为这可能是最客观的排序方法。它避免了 MCA 需要对所选参数人为赋予权重的主观性，同时对所排的顺序给出了概率上的可能性评估，而不是仅给出一个排序结果。将 POT 和随机线性外推结合，进一步克服了 POT/LE 只能对于不多于 15 种污染物排序的局限，可以给出大量污染物线性排序。

表 5.14　基于健康风险评价的监测指标筛选 *K* 均值聚类分级

分级	污染物
一	As
二	Cd
三	Cr、p, p′–DDD
四	α–BHC
五	Co、Cu、Hg、Mn、Ni、Pb、Se、V、Zn、p, p′–DDT、p, p′–DDE、β–BHC、γ–BHC、DeP、DnoP、DehP

K 均值聚类属于典型的非监督分类。非监督分类只能把样本区分为若干类别，而不能给出样本的描述；其类别的属性是通过分类结束后目视判读或实地调查确定的。因此，利用 *K* 均值得到的分类结果需要在实践中进一步验证。而 POT/LE 则不存在这种情况。因此，优先选择 POT/LE 对监测指标筛选进行分级。

5.3.2　区域优控土壤污染物

基于生态风险的区域优控土壤污染物筛选，以多环境介质模型为手段，以污染物的排放特征、理化性质和区域环境特征为基础，模拟出污染物达到稳定态时的浓度，从而形成筛选依据。基于生态风险指数的区域优控土壤污染物筛选分级只有 1 个指标，因此，不管是 *K* 均值聚类和几何分级聚类，污染物的筛选均按照其生态风险指数的顺序进行排序。由于计算方法的不同，基于聚类分析的分级中属于一级区域优控土壤污染物的只有敌敌畏，基于几何分级的一级区域优控土壤污染物为敌敌畏、氧乐果、毒死蜱、百草枯、三唑磷。考虑到几何分级结果的均匀性，确定在无实际调查先验情况下，区域优控土壤污染物为敌敌畏、氧乐果、毒死蜱、百草枯、三唑磷。

基于健康风险评价的区域优控土壤污染物筛选，建立在有调查的基础上，属于有先验经验。这种筛选方法充分利用了调查结果的数据，并利用多标准分析方法对污染物进行排序。POT/LE 客观地给出污染物的排序，避免了 MCA 需要对所选参数人为赋予权重的主观性。同时，对所排的顺序给出了概率上的可能性评估，而不是仅给出一个排序结果。基于 POT/LE 的排序结果，江西省土壤环境质量一级区域优控土壤污染物为 As，二级区域优控土壤污染物为 PAHs，α–BHC、DehP、Cr、p，p′–DDT、Cd 和 PCBs。

第 6 章　土壤优控新污染物筛选

6.1　新污染物

2018 年 5 月，习近平总书记在全国生态环境保护大会上要求，“对新的污染物治理开展专项研究和前瞻研究”。2020 年 11 月，《中共中央关于制定国民经济和社会发展第十四个五年规划和 2035 年远景目标的建议》提出，“重视新污染物治理”（韦正峥等，2022）。在这样的大环境下，不同的筛选方法可建立多种不同优先管控清单，在为新污染物提供管控依据的同时，也期望可以加强基础科学研究，对于污染物的监测和管控真正做到“由已知到未知”，层层递进，摸清新污染物底数，加强重点新污染物管控力度，研究新污染物治理方法。

6.1.1　新污染物概况

随着各类化学品的大量生产和使用，一些新污染物对我国人体和生态系统健康的危害已开始凸显。如果不予以足够重视，或将成为制约美丽中国、健康中国建设的瓶颈因素。“十四五”时期是我国污染防治攻坚战取得阶段性胜利、继续推进美丽中国建设的关键期。在推动常规污染物治理的同时，需开始着手新污染物的防治。

其实，“新污染物”这一概念的出现是相较于常规污染物而言的。对比之下，二者均为污染物，它们都是人类活动造成的，环境中存在的，危害生态环境或人体健康的物质。差别则在于一“旧”一“新”。常规污染物是指一些较早地被纳入环境监管框架中的污染物，如 COD，BOD，SO_2，NO_x，PM2.5 等。至于“新污染物”，其在科学界和管理界尚无明确定义。从不同角度出发，可以有不同理解：从科学角度理解，普遍认为是指新出现或者受关注较晚的物质，即生产、使用历史相对较短或发现危害较晚，更关注这些物质危害作用、迁移转化、综合毒性减排等关键技术和科学问题；从管理角度理解，相对管理体系较为完善的“常规污染物”而言，“新污染物”主要指尚无法律法规和标准予以规定或规定不完善的物质。管理界的定义更关注如何降低和管控风险，保障生态环境安全和公众健康。科学界的定义比管理界更前沿，管理界的定义比科学界更实际（李秋爽等，2021）。本章的讨论从管理角度出发，将新污染物定义为：新近发现或被关注的，对生态环境或人体健康存在危害的，尚未纳入管理或者现有管理措施不足以有效防控其风险的污染物。

除此之外，两者在环境风险以及治理问题等方面的特性也有所不同。传统污染物所引起的环境污染问题，多属于发达国家数百年工业化过程中分阶段出现、分阶段解决的问题。因此，常规污染物的治理，有更多的经验遵循和技术积累。随着国家产业结构的调整、加大污染控制设施投入方面举措的落实，常规污染物导致的环境污染问题，会相对较快得到解决。例如，建设污水处理厂及其提标改造，有望改善水体耗氧性污染物的污染问题；除尘和脱硫脱硝工艺，有望减轻大气中大部分的颗粒物、SO_2、NO_x 等污染问题（王佳钰等，2022）。反观新污染物，首先其“环境风险大”。主要体现在以下几个方面。

（1）危害严重性。新污染物多具有器官毒性、神经毒性、生殖和发育毒性、免疫毒性、内分泌干扰效应、致癌性、致畸性等多种生物毒性，其生产和使用往往与人类生活息息相关，对生态环境和人体健康很容易造成严重影响。

（2）风险隐蔽性。多数新污染物的短期危害不明显，即便在环境中存在或已使用多年，人们并未将其视为有害物质；而一旦发现其危害性时，它们已经通过各种途径进入环境介质中。

（3）环境持久性。新污染物多具有环境持久性和生物累积性，可长期蓄积在环境中和生物体内，并沿食物链富集，或者随着空气、水流长距离迁移。

新污染物的治理问题也并非易事。对于具有持久性和生物累积性的新污染物，即使达标排放，以低剂量排放进入环境，也将在生物体内不断累积并随食物链逐渐富集，进而危害环境生物和人体健康。因此，以达标排放为主要手段的常规污染物治理，无法实现对新污染物的全过程环境风险管控。

除了排后治理之外，新污染物的治理难，还体现在其来源广泛，底数难以摸清且还在持续增长之中。新污染物的主要来源是化学物质的生产和使用，化学物质的全生命周期均有排放风险。新污染物种类繁多、涉及行业广泛，涵盖工业生产、生活消费、军事消防等众多领域和医药、化工、农业种植、水产养殖、纺织、建筑、塑料加工、汽车、航空航天、电子电气、消防泡沫、垃圾焚烧等众多行业。我国是化学物质生产、使用大国，大部分新污染物涉及的化学物质产量和使用量均位于世界前列。研究显示，新污染物在我国水体和沉积物、土壤和地下水、空气中均有分布，在一些水源地、饮用水中也有发现，在蔬菜、鱼类、蛋类等生物介质和血液、尿液、母乳等人体样本中也被大量检出。例如，我国各大水系均受到邻苯二甲酸酯等内分泌干扰物污染，室内灰尘中邻苯二甲酸酯平均浓度远超发达国家水平。我国大部分城市的自来水含有全氟辛基磺酸（PFOS）和全氟辛酸（PFOA）等全氟化合物，部分城市在女性母乳样本中检测出较高浓度的全氟化合物，部分地区该类物质的摄入量相当于欧盟每周耐受量标准值的 48 倍。新污染物在我国环境和生物介质中的分布存在共性规律。一是呈现明显的区域聚集性，与工业化、城市化等人类活动程度密切相关，表现为在京津冀、长三角和珠三角等地区分布更多。二是不同物质的重点分布区域差别较大，与不同行业类型的分布密切相关。三是地表水体和地下水介质是其重要载体。四是其引起的室内空气、饮用水污染值得关注。五是生物富集和累积效应明显，各类新污染物在人体中均有测出（李秋爽等，2021）。

6.1.2　优控新污染物的案例筛选

截至 2020 年年末，CAS 登记在册的化学品已超过 1 个亿，并且以 25% 的年增长速度增加。面对如此巨大数量的化学品，对所有化学品实施有效管控是难以实现的。因此，筛选优先污染物，建立优先控制污染物清单，是削减化学品及寻找安全替代品的重要依据（龚雄虎等，2021）。

吴颜岐等（2022）开展了天津市地表水中新型优先污染物筛选与管控对策研究。以 41 种新型污染物为研究对象，采用污染物环境暴露水平、持久性、生物累积性、生态风险和健康风险这 5 项指标，建立以保护水生生物和人体健康为目标的综合评分方法，筛选识别天津市地表水环境中新型污染物，划分优先等级，构建优控清单，评价清单中污染物水环境生态风险和人体健康风险。采用的综合评分方法是多指标定量化筛选优先污染物的方法，基本流程如图 6.1 所示。

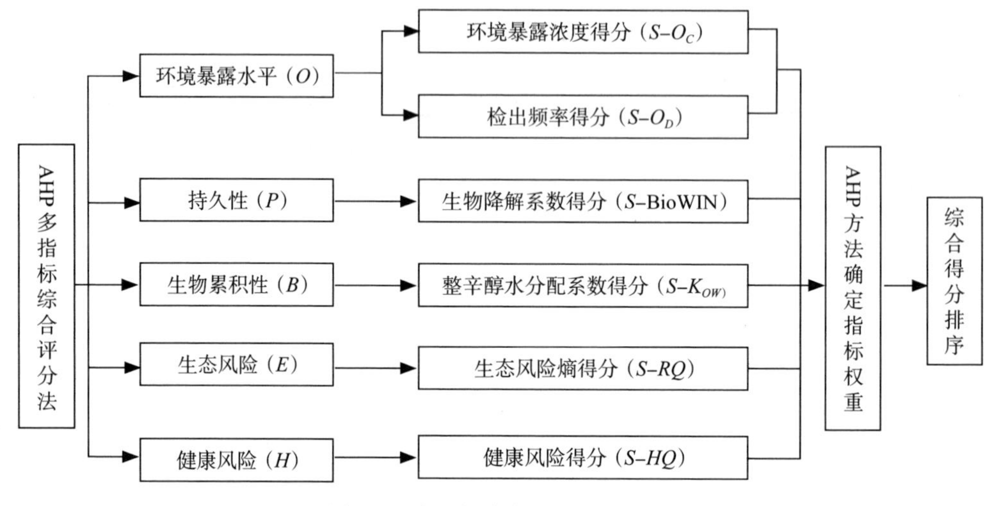

图 6.1　多指标综合评分法流程图

污染物筛选基于综合评分法，设置了 5 个不同类型的指标，分别为：①污染物环境暴露水平（*O*），暴露水平由污染物检测浓度（O_C）和检出率（O_D）组成；②污染物持久性（*P*）；③污染物的生物累积性（*B*）；④生态风险（*E*）；⑤健康风险（*H*）。

其中，污染物环境暴露水平（*O*）综合考虑了污染物检测浓度和检出率，相对于药物最大使用日剂量和排泄率，或者工业源和生活源所估算在环境中可能出现的最大浓度，更能真实反映区域污染水平。持久性（*P*）通过污染物的生物降解系数（BioWIN）反映，BioWIN3 越小，持久性越大。该数据通过 QSAR（Quantitative Structure Activity Relationship）根据物质的化学结构来估算环境行为及生物降解性能，采用 EPA 推荐的 EPIsuite 软件进行计算。生物累积性（*B*）利用正辛醇水分配系数来评估。K_{OW} 反映污染物在水相和有机体间的迁移能力，K_{OW} 值越大，污染物越疏水，易向食物链上游富集。污染物的 K_{OW} 值同样采用 EPIsuite 软件进行计算。生态风险（Ecological Risk）能反映地表水中污染物对水生生态系统可能造成的危害，采用风险商值法（RQ）计算。人体健康风险基于 4 个水源地污染物的暴露浓度来计算。根据人体对污染物的每日允许摄入量（Accep Table Dailyintake，ADI），计算污染物对人体健康的风险商（Health Risk，HQ）。

O_C、O_D、BioWIN、K_{OW}、RQ 和 HQ 的值根据等比级数方法分为 5 个等级，根据其等级进行赋分（1、2、3、4 和 5）。并且，O、P、B、E 和 H 的 5 个指标的权重分别命名为 W_O、W_P、W_B、W_E 和 W_H，利用德尔菲法和问卷调查收集专家和学者意见。根据不同指标之间的相对重要程度，以 9 分制给出相应分数，将重要性转化为相应数值并构造判断矩阵。首先对矩阵进行归一化，然后计算判断矩阵的特征值与特征向量，以确定最大特征值，最后验证判断矩阵的一致性（CR）。当 CR 值在 0~0.1 之间时，认为判断矩阵具有满意的一致性，则获得每个指标的权重。如果一致性检验不通过，则继续协调判断矩阵直至满足一致性。最终 W_O、W_P、W_B、W_E 和 W_H，确定为 0.050，0.077，0.081，0.230，0.562。

通过各个指标得分和权重，确定各个污染物的综合得分：

$$S_T = W_O S_O + W_P S_P + W_B S_B + W_E S_E + W_H S_H \tag{6.1}$$

式中：S_T、S_O、S_P、S_B、S_E 和 S_H 分别为综合得分、环境暴露水平得分、持久性得分、生物累积性得分、生态风险得分和健康风险得分；W_O、W_P、W_B、W_E 和 W_H 分别为环境暴露水平权重（0.050）、持久性权重（0.077）、生物累积性权重（0.081）、生态风险权重（0.23）和健康风险权重（0.562）。

根据综合得分的相对大小，将污染物分为 7 个级别（I ~ VII），I 级至 VII 级污染物的综合得分越来越低，并将 I ~ II 级列为高优先级新型污染物；III ~ IV 级列为中优先级新型污染物；等级 V ~ VII 列为低优先级新型污染物（表 6.1）。同时，将 I ~ II 级包含的污染物列为优控名单。

表 6.1　污染物分级结果

级别	综合指标得分范围	污染物
Ⅰ级	3.902 ~ 4.359	PFOS、PFOA 和 BZ
Ⅱ级	3.444 ~ 3.902	CAF、PFHxA 和 CLA
Ⅲ级	2.987 ~ 3.444	SMX、PFUnDA、PFNA、PFHpA、OFL、TIA 和 PFBA
Ⅳ级	2.530 ~ 2.987	SDZ、SMN、DOX NOR、CIP、LOM、ROX、ERYH2O、MET、TMP、PFPeA 和 PFBS
Ⅴ级	2.072 ~ 2.530	STZ、CTC、AZN、BF、PFDA、PFDoDA 和 PFHXS
Ⅵ级	1.615 ~ 2.072	SMR、SML、SDM、SFX、TCN、OTC、ENR 和 PROP
Ⅶ级	1.157 ~ 1.615	TYL

6.1.3 土壤新污染物

随着工业化、城市化的飞速发展，大量污染物通过各种途径进入土壤，不仅影响着动、植物的生长和发育，而且通过食物链传递到人体中，对人类生存和健康构成严重威胁。因此，针对化学污染物质在土壤中的行为及环境效应研究，迅速得到土壤和环境科学界的关注。随着现代分析手段的发展和人们环保意识的提高，环境土壤学研究热点逐渐从传统污染物转向新型污染物。

不同历史时期，土壤中主要污染物类型变迁的几个阶段为：①起始阶段（1960—1980 年），主要研究有毒重金属，如汞和镉；有机污染物，如 DDT、六六六和林丹等持久性有机污染物；②识别阶段（1981—1990 年），主要污染物有铜、锌、铅、镉、铬、汞和砷等有毒重金属（类金属）；甲基汞、甲基砷、四乙基铅和有机锡等金属有机污染物，有机污染物也进一步扩展到酚类化合物、狄氏剂、艾氏剂和氯丹等化学农药；③发展阶段（1985—2000 年），无机污染物研究，包括铜、锌、铅、镉、铬、汞、砷、铝、镍和氟等，有机污染物有多氯联苯、多环芳烃和石油烃等。化肥的大量使用导致土壤中累积了过量的氮和磷等营养元素，土壤中氮和磷向水体迁移，造成了严重的水体富营养化，引起的面源污染也受到广泛的重视；④新兴阶段（2001 年起），分析手段的不断发展，为研究土壤中微量和痕量污染物提供了技术支撑；学者在关注传统的污染物基础上，越来越重视新型污染物的环境化学行为研究。2006 年，环境科学著名杂志 *Environmental Science & Technology* 第 23 期，发专刊介绍环境中的新型污染物，呼吁大家重视新型污染物环境过程及效应的研究，新型污染物的研究逐渐得到大家的重视。新型污染物种类较多，主要包括纳米颗粒污染物、抗生素、抗性基因、增塑剂、溴代阻燃剂、全氟辛烷磺酸等。环境中新型污染物的不断出现，给环境土壤学的发展带来了新的机遇和强劲的推动力。

6.2 优控土壤新污染物初筛

6.2.1 确定土壤新污染物初筛数据库

本章优先控制污染物清单初筛数据库的建立，将土壤新污染物受关注的四大种类作为数据库分类标准。目前，国际上广泛关注的四大类新污染物主要包括：

持久性有机污染物（Persistent Organic Pollutants，POPs）、内分泌干扰素（Endocrine Disrupting Compounds，EDCs）、微塑料和抗生素。

持久性有机污染物是具有毒性、难以降解、可在生物体内蓄积的物质，可通过空气、水和迁徙物种及产品传输并沉积在远离其排放地点的地区，可长期在生态系统中累积，即使暴露在非常低剂量的持久性有机污染物中也有可能引发癌症、损害中枢和外围神经系统、引发免疫系统疾病、生殖紊乱以及干扰婴幼儿的正常发育，直接威胁人类生存繁衍和可持续发展。关于持久性有机污染物的选取，将《关于持久性有机污染物的斯德哥尔摩公约》以及数次增减修订法案作为初筛数据选取依据，共选择了艾氏剂、氯丹、DDT、狄氏剂、二噁英类等共 85 种持久性有机污染物加入到初筛数据库中。

内分泌干扰素以其独特的致病机理受到普遍关注。最常见的内分泌干扰素，一般分为三大类共 10 种：酞酸酯类物质（邻苯二甲酸二甲酯、邻苯二甲酸二乙酯、邻苯二甲酸二丁酯、邻苯二甲酸二（2- 乙基己基）酯）；酚类物质（壬基酚、双酚 A）以及雌激素（雌酮、17-β- 雌二醇、雌三醇及人工合成的乙炔基雌二醇）（裴钰鑫，2013）。

塑料及塑料制品在工业、农业和日常生活中被大量生产和使用，给人们带来了极大的便利，但大量的废弃塑料难以回收而对环境造成严重污染。近年来的研究发现，这种“白色污染”正以一种新的形式——微塑料威胁着生态和环境安全。微塑料是指直径小于 5mm 的塑料碎片和颗粒，主要由塑料颗粒产品排入水环境或塑料垃圾经过分解产生，其种类较多，主要包括聚乙烯、聚丙烯、聚氯乙烯、聚苯乙烯（PS）、聚酯和聚对苯二甲酸类等。

抗生素是指通过与目标微生物相互作用可以抑制或杀死微生物的有机分子，抗生素的耐药性已成为国际上高度关注的社会问题。目前常用的抗生素有以下几类：磺胺类抗生素、四环素类抗生素、喹诺酮类抗生素、大环内酯类、氨基糖苷类抗生素、β- 内酰胺类抗生素、氯霉素类等。将以上提及的各类新污染物加入到土壤新污染物初筛数据库中，详见表 6.2。

6.2.2　基于多因素综合评分法进行新污染物初筛

本次初筛选择简化的多指标综合评分法，选取知识关注度、毒理数据详细等

表 6.2　优控污染物清单初筛数据库

新污染物种类		中文名称	英文名称	CAS 编号
持久性有机污染物		二氯甲烷	Dichloromethane	75–09–2
		三氯甲烷	Chloroform	67–66–3
		三氯乙烯	Trichloroethylene	79–01–6
		四氯乙烯	Tetrachloroethylene	127–18–4
		甲醛	Formaldehyde	50–00–0
		乙醛	Acetaldehyde	75–07–0
		艾氏剂	Aldrin	309–00–2
		氯丹	Chlordane	57–74–9
		4，4′– 滴滴涕	DDT	50–29–3
		狄氏剂	Dieldrin	60–57–1
	二噁英类	2，3，7，8–四氯二苯并–对–二噁英类	2，3，7，8-Tetrachlorodibenzo-p-Dioxin	1746–01–6
		1，2，3，7，8–五氯二苯并–对–二噁英类	1，2，3，7，8-Pentachlorodibenzo-p-Dioxin	40321–76–4
		1，2，3，4，7，8–六氯二苯并–对–二噁英类	1，2，3，4，7，8-Hexachlorodibenzo-p-Dioxin	39227–28–6
		1，2，3，6，7，8–六氯二苯并–对–二噁英类	1，2，3，6，7，8-Hexachlorodibenzo-p-Dioxin	57653–85–7
		1，2，3，7，8，9–六氯二苯并–对–二噁英类	1，2，3，7，8，9-Hexachlorodibenzo-p-Dioxin	19408–74–3
		1，2，3，4，6，7，8–七氯二苯并–对–二噁英类	1，2，3，4，6，7，8-Heptachlorodibenzo-p-Dioxin	35822–46–9
		1，2，3，4，6，7，8，9–八氯二苯并–对–二噁英类	Octachlorooxanthrene	3268–87–9
		2，3，7，8–四氯二苯并呋喃	2，3，7，8-T4CDF	51207–31–9
		1，2，3，7，8–五氯二苯并呋喃	1，2，3，7，8-Pentachlorodibenzofuran	57117–41–6
		2，3，4，7，8–五氯二苯并呋喃	2，3，4，7，8-Pentachlorodibenzofuran	57117–31–4
		1，2，3，4，7，8–六氯二苯并呋喃	1，2，3，4，7，8-Hexachlorodibenzofuran	55684–94–1
		1，2，3，6，7，8–六氯二苯并呋喃	1，2，3，6，7，8-Hexachlorodiphenyleneoxide	57117–44–9
		1，2，3，7，8，9–六氯二苯并呋喃	1，2，3，7，8，9-H6CDF	72918–21–9

续表

新污染物种类		中文名称	英文名称	CAS 编号
持久性有机污染物	二噁英类	2，3，4，6，7，8–六氯二苯并呋喃	2，3，4，6，7，8-H6CDF	60851–34–5
		1，2，3，4，6，7，8–七氯二苯并呋喃	1，2，3，4，6，7，8-Heptachlorodibenzofuran	38998–75–3
		1，2，3，4，7，8，9–七氯二苯并呋喃	1，2，3，6，7，8，9-Heptachlorodibenzofuran	55673–89–7
		1，2，3，4，6，7，8，9–八氯二苯并呋喃	1，2，3，4，6，7，8，9-Octachlorodibenzo [b，d] furan	39001–02–0
	异狄氏剂		Eendrin	72–20–8
	呋喃		Furans	110–00–9
	七氯		Heptachlor	76–44–8
	灭蚁灵		Mirex	2385–85–5
	毒杀酚		Toxaphene	8001–35–2
	三氯杀螨醇		Dicofol	115–32–2
	多氯联苯	2，4，4′–三氯联苯	2，4，4′-Trichlorobiphenyl	7012–37–5
		2，2′，5，5′–四氯联苯	2，2′，5，5′-Tetrachlorobiphenyl	35693–99–3
		2，2′，4，5，5′–五氯联苯	2，2′，4，5，5′-Pentachlorobiphenyl	37680–73–2
		3，4，4′，5–四氯联苯	3，4，4′，5-Tetrachlorobiphenyl	70362–50–4
		3，3′，4，4′–四氯联苯	3，3′，4，4′-Tetrachlorobiphenyl	32598–13–3
		2′，3，4，4′，5–五氯联苯	2′，3，4，4′，5-Pentachlorobiphenyl	65510–44–3
		2，3′，4，4′，5–五氯联苯	2，3′，4，4′，5-Pentachlorobiphenyl	31508–00–6
		2，3，4，4′，5–五氯联苯	2，3，4，4′，5-Pentachlorobiphenyl	74472–37–0
		2，2′，4，4′，5，5′–六氯联苯	2，2′，4，4′，5，5′-Hexachlorobiphenyl	35065–27–1
		2，3，3′，4，4′–五氯联苯	2，3，3′，4，4′-Pentachlorobiphenyl	32598–14–4
		2，2′，3，4，4′，5′–六氯联苯	2，2′，3，4，4′，5′-Hexachlorobiphenyl	35065–28–2
		3，3′，4，4′，5–五氯联苯	3，3′，4，4′，5-Pentachlorobiphenyl	57465–28–8
		2，3′，4，4′，5，5′–六氯联苯	2，3′，4，4′，5，5′-Hexachlorobiphenyl	52663–72–6
		2，3，3′，4，4′，5′–六氯联苯	2，3，3′，4，4′，5′-Hexachlorobiphenyl	38380–08–4
		2，3，3′，4，4′，5′–六氯联苯	2，3，3′，4，4′，5′-Hexachlorobiphenyl	69782–90–7
		2，2′，3，4，4′，5，5′–七氯联苯	2，2′，3，4，4′，5，5′-Heptchlorobiphenyl	35065–29–3

续表

新污染物种类	中文名称		英文名称	CAS 编号
持久性有机污染物	多氯联苯	3，3′，4，4′，5，5′–六氯联苯	3，3′，4，4′，5，5′-Hexachlorobiphenyl	32774–16–6
		2，3，3′，4，4′，5，5′–七氯联苯	2，3，3′，4，4′，5，5′-Heptchlorobiphenyl	39635–31–9
	六氯苯		Hexachlorbenzene	118–74–1
	α–六氯环已烷		α-Hexachlorocyclohexane	319–84–6
	β–六氯环已烷		β-BHCstandard	319–85–7
	林丹		Lindane	58–89–9
	十氯酮		Chlordecone	143–50–0
	五氯苯		Pentachlorobenzene	608–93–5
	六溴环十二烷		Hexabromocyclododecane	25637–99–4
	六溴联苯		Hexabromobiphenyl	36355–01–8
	四溴二苯醚		1，2，3-Tribromo-4-(3-Bromophenoxy) Benzene	40088–47–9
	五溴二苯醚		Pentabromodiphenylether	32534–81–9
	六溴二苯醚	2，2′，3，4，4′，6– 六溴二苯醚	2，2′，3，4，4′，6-Hexabromodiphenylether	446254–96–2
		2，2′，4，4′，5，6′– 六溴二苯醚	2，2′，4，4′，5，6′-Hexabromodiphenylether	207122–15–4
		2，3，4，4′，5，6– 六溴二苯醚	2，3，4，4′，5，6-Hexabromodiphenylether	189084–58–0
		2，2′，4，4′，5，5′– 六溴二苯醚	2，2′，4，4′，5，5′-Hexabromodiphenylether	68631–49–2
		2，2′，3，4，4′，6′– 六溴二苯醚	2，2′，3，4，4′，6′-Hexabromodiphenylether	243982–83–4
	七溴二苯醚		1，2，3，4，5-Pentabromo-6-(2，3-Dibromophenoxy) Benzene	68928–80–3
	十溴二苯醚		Decabromodiphenyloxide	1163–19–5
	全氟辛基磺酸		Perfluorooctanesulfonicacid	1763–23–1
	全氟己基磺酸		Perfluorohexane-1-Sulphonicacid	355–46–4
	全氟辛酸		Pentadecafluorooctanoicacid	335–67–1
	全氟辛基磺酸盐	全氟辛基磺酸钾	Perfluorooctanesulphonicacid，Potassiumsalt，97%	2795–39–3

续表

新污染物种类	中文名称		英文名称	CAS 编号
持久性有机污染物	全氟辛基磺酰氟		Perfluoro-1-octanesulfonylfluoride	307-35-7
	硫丹		Thiosulfan	115-29-7
	短链氯化石蜡		ChloroalkanesC10-13	85535-84-8
	六氯丁二烯		Hexachloro-1，3-butadiene	87-68-3
	五氯苯酚		Pentachlorophenol	87-86-5
	得克隆	顺式得克隆	DechloranePlusSyn	135821-03-3
		反式得克隆	DechloranePlusAnti	135821-74-8
	多氯萘	1，8-二氯萘	1，8-Dichloronaphthalene	2050-74-0
		1，3，6-三氯萘	1，3，6-Trichloronaphthalene	55720-36-0
		1，3，6，7-四氯萘	1，3，6，7-tetrachloronaphthalene	55720-42-8
		1，2，3，5，7-五氯萘	1，2，3，5，7-Pentachloronaphthalene	53555-65-0
		1，2，3，4，6，7-六氯萘	1，2，3，4，6，7-Hexachloronaphthalene	103426-96-6
		八氯萘	Octachloronaphthalene	2234-13-1
内分泌干扰素	酞酸酯类物质	邻苯二甲酸二甲酯	Dimethylphthalate	131-11-3
		邻苯二甲酸二乙酯	Diethylphthalate	84-66-2
		邻苯二甲酸二丁酯	Dibutylphthalate	84-74-2
		邻苯二甲酸（2-乙基己基）酯	Bis (2-ethylhexyl) phthalate	117-81-7
	酚类物质	壬基酚	Nonylphenol	25154-52-3
		双酚 A	BisphenolA	1980/5/7
	雌激素	雌酮	Estrone	53-16-7
		17-β-雌二醇	17-Beta-Estradiol	50-28-2
		雌三醇	Estriol	50-27-1
		人工合成的乙炔基雌二醇	EthinylEstradiol	57-63-6
抗生素	磺胺类抗生素	磺胺嘧啶	Sulfadiazine	68-35-9
		磺胺二甲氧嘧啶	Sulfadimethoxine	122-11-2
	磺胺类抗生素	磺胺甲基嘧啶	Sulfamerazine	127-79-7
		磺胺醋酰	Sulfacetamide	144-80-9
		甲磺灭脓	Mafenideacetate	13009-99-9

续表

新污染物种类		中文名称	英文名称	CAS 编号
抗生素	四环类抗生素	四环素	Tetracycline	60-54-8
		土霉素	Oxytetracycline	79-57-2
		金霉素	Chlortetracycline	57-62-5
		强力霉素	Doxycycline	564-25-0
		替加环素	Tigecycline	220620-09-7
		半合成衍生物二甲胺基四环素	Minocycline	10118-90-8
	喹诺酮类抗生素	诺氟沙星	Norfloxacin	70458-96-7
		氧氟沙星	Ofloxacin	82419-36-1
		环丙沙星	Ciprofloxacin	85721-33-1
		沙拉沙星	Sarafloxacin	98105-99-8
		洛美沙星	Lomefloxacin	98079-51-7
		恩诺沙星	Enrofloxacin	3106-60-6
	大环内酯类抗生素	红霉素	Erythromycin	114-07-8
		阿奇霉素	Azithromycin	83905-01-5
		罗红霉素	Roxithromycin	80214-83-1
		麦迪霉素	Midecamycin	35457-80-8
		泰乐霉素	Tylosintartrate	1405-54-5
		螺旋霉素	Spiramycin	8025-81-8
	氨基糖苷类抗生素	庆大霉素	Gentamicin	1403-66-3
		链霉素	Streptomycin	57-92-1
		卡那霉素	Kanamycin	8063-07-8
		阿米卡星	Amikacin	37517-28-5
	β-内酰胺类抗生素	头孢霉素	cephamycinC	38429-35-5
		青霉素	PenicillinG	61-33-6
		阿莫西林	Amoxicillin	26787-78-0
		硫霉素	Thienamycin	59995-64-1
		氨曲南	Aztreonam	78110-38-0
		卡芦莫南	(Z)-Carumonam	87638-04-8
		头孢西丁	Cefoxitin	35607-66-0

续表

新污染物种类	中文名称		英文名称	CAS 编号
抗生素	β-内酰胺类抗生素	头孢美唑	Cefmetazole	56796-20-4
		头孢替坦	Cefotetan	69712-56-7
		头孢米诺	Cefminox	75481-73-1
		头孢拉宗	Cefbuperazone	76610-84-9
	氯霉素类	氯霉素	Chloramphenicol	56-75-7
		甲砜霉素	Thiamphenicol	15318-45-3
微塑料	聚乙烯		Polyethylene	9002-88-4
	聚丙烯		Polypropylene	9003-07-0
	聚氯乙烯		Polyvinylchloride	9002-86-2
	聚苯乙烯		Polystyrene	9003-53-6
	聚酯		Polysterresin	113669-95-7
	聚对苯二甲酸乙二酯		Poly (ethyleneterephthalate) Macromolecule	25038-59-9
	聚对苯二甲酸丁二酯		Polybutyleneterephthalate	26062-94-2

级以及致癌等级作为 3 个评价指标，然后对 3 个指标自定义评分标准，对各污染物进行多指标评分，最终通过综合评分排序来建立优控污染物清单。

关于评价指标的选取，首先，确定知识关注度和毒理数据详细等级两个指标旨在通过“由已知到未知”的方法，先将对其了解以及研究更为深入的污染物进行优先有效监控；然后，随着研究的不断深入，层层递进，从而达到对更多新污染物的监控。其次，致癌作为“三致效应”之一，对于人体健康有着巨大的影响。因此将致癌等级也列入此次初筛指标之中。

6.2.2.1　知识关注度

对于知识关注度这一初筛指标，将有关各新污染物的总发文量作为评分标准，共定义了 4 个评分区间，评分细则见表 6.3。

表 6.3 初筛库中新污染物的总发文量，以及知识关注度评分结果，见图 6.2(部分新污染物总发文量柱状图）和表 6.3（部分新污染物知识关注度评分表）。

6.2.2.2　毒理数据详细等级

毒理数据详细等级是依据 EPA 人体健康风险评价毒理数据库 Regional Screening

表 6.3　部分新污染物知识关注度指标评分标准表

序号	总发文量范围	评分
1	1000 以上	3
2	500~1000	2
3	100~500	1
4	100 以下	0

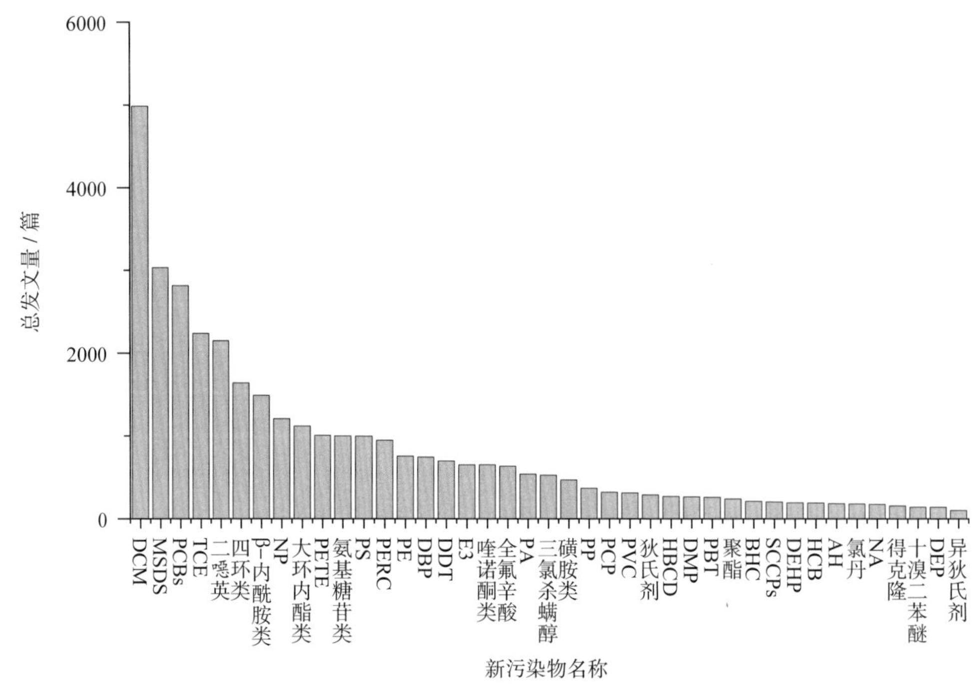

图 6.2　部分新污染物总发文量柱状图

Level 进行查询。该数据库共包含 10 个毒理数据。将各个新污染物库内可查询的毒理数据个数作为评价指标，共定义了 4 个评分区间，评分细则见表 6.4。

6.2.2.3　致癌等级

致癌等级是依据致癌物分类列表（国际癌症研究机构专题论文集，第 1–101 卷）得出，列表将物质通过致癌等级划分为 1，2A，2B，3，4 五大类，分别代表了致癌、很可能致癌、可能致癌、未知和很可能不致癌。本次评分将致癌等级作为评分指标，共定义了 4 个评分区间，评分细则见表 6.5。

表 6.4　毒理数据详细等级指标评分标准表

序号	库内可查询的毒理数据个数范围	评分
1	7 ~ 10	3
2	4 ~ 6	2
3	1 ~ 3	1
4	0	0

表 6.5　致癌等级指标评分标准表

序号	致癌等级	评分
1	可查询的致癌物与很可能致癌物	3
2	可查询的可能致癌物	2
3	可查询的未知和很可能不致癌	1
4	表中无法查询到的污染物	0

6.2.2.4　新污染物综合评分结果

本次初筛，通过对新污染物的关注度、毒理数据详细等级和致癌等级进行多指标综合评分，将各污染物按照综合评分由高到低排序，分值愈高则说明该新污染物的知识关注度愈高、毒理数据愈详细或者致癌系数愈高，越应当优先管控。对于各新污染物的综合评分结果，见表 6.6。

表 6.6　部分新污染物知识关注度评分表

新污染物名称	总发文量	关注度评分	毒理数据个数	毒理数据详细等级评分	致癌等级	致癌等级评分	总分
2，3，7，8-四氯二苯并-对-二噁英类	2152	3	7	3	1	3	9
二氯甲烷	4987	3	9	3	2B	2	8
甲醛	539	2	8	3	1	3	8
三氯甲烷	3032	3	10	3	2B	2	8
三氯乙烯	2239	3	4	2	2A	3	8
四氯乙烯	947	2	7	3	2A	3	8
3，3′，4，4′，5-五氯联苯	2815	3	4	2	1	1	6
4，4′-滴滴涕	697	2	6	2	2B	2	6

续表

新污染物名称	总发文量	关注度评分	毒理数据个数	毒理数据详细等级评分	致癌等级	致癌等级评分	总分
邻苯二甲酸（2–乙基己基）酯	193	1	5	2	2B	2	5
六氯苯	192	1	6	2	2B	2	5
灭蚁灵	175	1	4	2	2B	2	5
五氯苯酚	321	1	6	2	2B	2	5
狄氏剂	289	1	5	2	3	1	4
毒杀酚	0	0	5	2	2B	2	4
七氯	0	0	6	2	2B	2	4
十氯酮	30	0	6	2	2B	2	4
十溴二苯醚	141	1	4	2	3	1	4
乙醛	183	1	3	1	2B	2	4
乙炔基雌二醇	59	0	5	2	2B	2	4
β–六氯环己烷	211	1	5	2	0	0	3
β–内酰胺类	1492	3	0	0	0	0	3
艾氏剂	32	0	5	2	3	1	3
雌三醇	652	2	3	1	0	0	3
大环内酯类	1119	3	0	0	0	0	3
呋喃	29	0	2	1	2B	2	3
聚苯乙烯	996	2	1	1	0	0	3
聚对苯二甲酸乙二酯	1006	3	0	0	0	0	3
聚乙烯	757	2	1	1	0	0	3
邻苯二甲酸二乙酯	140	1	4	2	0	0	3
六氯丁二烯	71	0	5	2	3	1	3
氯丹	180	1	0	0	2B	2	3
氯霉素	0	0	0	0	2A	3	3
全氟辛酸	634	2	1	1	0	0	3
壬基酚	1206	3	0	0	0	0	3
三氯杀螨醇	526	2	0	0	3	1	3
四环类	1642	3	0	0	0	0	3
异狄氏剂	102	1	3	1	3	1	3

续表

新污染物名称	总发文量	关注度评分	毒理数据个数	毒理数据详细等级评分	致癌等级	致癌等级评分	总分
α-六氯环己烷	211	1	3	1	0	0	2
氨基糖苷类抗生素	999	2	0	0	0	0	2
磺胺类抗生素	468	1	2	1	0	0	2
聚丙烯	369	1	1	1	0	0	2
聚氯乙烯	313	1	1	1	0	0	2
喹诺酮类抗生素	651	2	0	0	0	0	2
邻苯二甲酸二丁酯	745	2	0	0	0	0	2
林丹	90	0	6	2	0	0	2
硫丹	74	0	4	2	0	0	2
五溴二苯醚	31	0	4	2	0	0	2
17-β-雌二醇	0	0	2	1	0	0	1
得克隆	156	1	0	0	0	0	1
短链氯化石蜡	204	1	0	0	0	0	1
聚对苯二甲酸丁二酯	259	1	0	0	0	0	1
聚酯	240	1	0	0	0	0	1
邻苯二甲酸二甲酯	264	1	0	0	0	0	1
六溴二苯醚	0	0	1	1	0	0	1
六溴环十二烷	269	1	0	0	0	0	1
全氟辛基磺酸	79	0	1	1	0	0	1
雌酮	0	0	0	0	0	0	0
多氯萘	57	0	0	0	0	0	0
六溴联苯	5	0	0	0	0	0	0
七溴二苯醚	0	0	0	0	0	0	0
全氟己基磺酸	2	0	0	0	0	0	0
全氟辛基磺酸钾	0	0	0	0	0	0	0
全氟辛基磺酰氟	26	0	0	0	0	0	0
双酚 A	0	0	0	0	0	0	0
四溴二苯醚	0	0	0	0	0	0	0
五氯苯	0	0	0	0	0	0	0

6.3 优先控制土壤新污染物清单

通过多指标综合评分之后，要通过评分结果对新污染物进行初筛。由于在评分时定义三因素权重相同，则仅把总分作为初筛标准。同时，定义将综合评分大于等于 5 分的新污染物列入优先管控污染物名单，并按评分高低列出优先等级。综上所述，可建立基于综合评分法的优控清单（详见表 6.7），以期为决策者制定新型污染物减排方案提供科学依据。

表 6.7 优先管控新污染物清单

序号	中文名称	英文名称	CAS 编号	综合评分	优控等级
1	2，3，7，8–四氯二苯并–对–二噁英类	2，3，7，8-Tetrachlorodibenzo-p-Dioxin	1746–01–6	9	Ⅰ
2	二氯甲烷	Dichloromethane	75–09–2	8	Ⅱ
3	三氯甲烷	Chloroform	67–66–3	8	Ⅱ
4	三氯乙烯	Trichloroethylene	79–01–6	8	Ⅱ
5	四氯乙烯	Tetrachloroethylene	127–18–4	8	Ⅱ
6	甲醛	Formaldehyde	50–00–0	8	Ⅱ
7	3，3′，4，4′，5–五氯联苯	3，3′，4，4′，5-Pentachlorobiphenyl	57465–28–8	6	Ⅲ
8	4，4′–滴滴涕	DDT	50–29–3	6	Ⅲ
9	五氯苯酚	Pentachlorophenol	87–86–5	5	Ⅴ
10	六氯苯	Hexachlorbenzene	118–74–1	5	Ⅴ
11	灭蚁灵	Mirex	2385–85–5	5	Ⅴ

附　　录

附表 1　加拿大土壤质量指导值　　单位：(mg · kg^{-1})

污染物	发布或修订时间（年）	土地利用和土壤质地							
		农业用地		住宅或公用场地		商业用地		工业用地	
		质地粗	质地细	质地粗	质地细	质地粗	质地细	质地粗	质地细
无机砷	1997	12		12		12		12	
钡	2003	750		500		2000		2000	
苯（表层土 10^{-5} 风险值）	2004	0.030	0.0068	0.030	0.0068	0.030	0.0068	0.030	0.0068
苯（下层土 10^{-5} 风险值）	2004	0.030	0.0068	0.030	0.0068	0.030	0.0068	0.030	0.0068
苯（表层土 10^{-6} 风险值）	2004	0.0095	0.0068	0.0095	0.0068	0.030	0.0068	0.030	0.0068
苯（下层土 10^{-6} 风险值）	2004	0.011	0.0068	0.011	0.0068	0.030	0.0068	0.030	0.0068
苯并 [a] 芘	1997	0.1		0.7		0.7		0.7	
镉	1999	1.4		10		22		22	
总铬	1997	64		64		87		87	
六价铬	1999	0.4		0.4		1.4		1.4	
铜	1999	63		63		91		91	
游离氰化物	1997	0.9		0.9		8.0		8.0	
滴滴涕（总）	1999	0.7		0.7		12		12	
二异丙醇氨（DIPA）	2006	180		180		180		180	
乙苯（表层土）	2004	0.082	0.018	0.082	0.018	0.082	0.018	0.082	0.018
乙苯（下层土）	2004	0.082	0.018	0.082	0.018	0.082	0.018	0.082	0.018
乙二醇乙醚	1999	960		960		960		960	
铅	1999	70		140		260		600	
无机汞	1999	6.6		6.6		24		50	
萘	1997	0.1		0.6		22		22	

续表

污染物	发布或修订时间（年）	土地利用和土壤质地							
		农业用地		住宅或公用场地		商业用地		工业用地	
		质地粗	质地细	质地粗	质地细	质地粗	质地细	质地粗	质地细
镍	1999	50		50		50		50	
壬基苯酚及其乙氧基化合物	2002	5.7		5.7		14		14	
五氯苯酚	1997	7.6		7.6		7.6		7.6	
苯酚	1997	3.8		3.8		3.8		3.8	
多氯联苯	1999	0.5		1.3		33		33	
二噁英	2002	4 ngTEQ/kg		4 ngTEQ/kg		4 ngTEQ/kg		4 ngTEQ/kg	
丙二醇	2006	信息不足		信息不足		信息不足		信息不足	
硒	2007	1		1		2.9		2.9	
环丁砜	2006	0.8		0.8		0.8		0.8	
四氯乙烯	1997	0.1		0.2		0.5		0.6	
铊	1999	1		1		1		1	
甲苯（表层土）	2004	0.37	0.08	0.37	0.08	0.37	0.08	0.37	0.08
甲苯（下层土）	2004	0.37	0.08	0.37	0.08	0.37	0.08	0.37	0.08
三氯乙烯	2006	0.01		0.01		0.01		0.01	
铀	2007	23		23		33		300	
钒	1997	130		130		130		130	
二甲苯（表层土）	2004	11	2.4	11	2.4	11	2.4	11	2.4
二甲苯（下层土）	2004	11	2.4	11	2.4	11	2.4	11	2.4
锌	1999	200		200		360		360	

附表 2　荷兰临界暴露值（CEV）、地下水目标值和基于生态及人体健康风险的土壤干预值及地下水干预值

污染物	土壤临界暴露值 ($\mu g \cdot kg^{-1} \cdot d^{-1}$)	地下水目标值 ($\mu g \cdot L^{-1}$)		基于生态风险临界干预值 ($mg \cdot kg^{-1}$)	基于人体健康风险的临界干预值 ($mg \cdot kg^{-1}$)	土壤干预值 ($mg \cdot kg^{-1}$)	地下水干预值 ($\mu g \cdot L^{-1}$)
		<10m	>10m				
1. 金属							
锑	0.9	—	0.15	2890	15.7	22	20
砷	1.0	10	7.2	76	576	76	60
钡	20（可溶态）	50	200	920	9340	6	625
铍	0.5	—	0.55**	31	233	30*	15*
镉	0.5	0.4	0.06	13	28	13	6
铬	—	1.0	2.5	—	—	—	30
铬（三价）	5.0	—	—	180	2760	180	—
铬（六价）	5.0	—	—	78	78	78	—
钴	1.4	20	0.7	185	43	190	100
铜	140	15	1.3	100	8600	190	75
汞	—	0.05	0.01	—	—	—	0.3
无机汞	2.0	—	—	36	210	36	—
有机汞	0.1	—	—	4.0	—	4	—
铅	3.6	15	1.7	540	530	530	75
钼	10	5.0	3.6	190	1310	190	300
镍	50	15	2.1	100	1470	100	75
硒	5.0	—	—	5.0	235	100*	160*
银	5.0	—	—	15	282	15*	40*
碲	2.0	—	—	—	588	600*	70*
铊	0.2	—	—	14	118	15*	7*
锡	2000	—	—	910	324000	900*	50*
钒	2.0	—	—	250	1000	250*	70*
锌	500	65	24	350	46100	720*	800
2. 其他无机污染物							
氰化物（游离态）	50	5.0		—	—	20	1500
氰化物（络合态）	800	10		—	—	50	1500
硫氰酸盐	11	—		620	—	20	1500

续表

污染物	土壤临界暴露值 (μg · kg^{-1} · d^{-1})	地下水目标值 (μg · L^{-1})		基于生态风险临界干预值 (mg · kg^{-1})	基于人体健康风险的临界干预值 (mg · kg^{-1})	土壤干预值 (mg · kg^{-1})	地下水干预值 (μg · L^{-1})
		<10m	>10m				
3. 芳香族化合物							
苯	3.3	0.2		130	1.1	1.1	30
乙苯	100	4.0		110	111	110	150
甲苯	223	7.0		47	32	32	1000
二甲苯（总量）[a]	150	0.2		17	156	17	70
苯乙烯（乙烯基苯）	120	6.0		86	472	86	300
苯酚	40	0.2		14	390	14	2000
甲酚（总量）[a]	50	0.2		13	365	13	200
十二烷基苯	5.0	—		—	1010	1000*	0.02*
芳香族溶剂 [a]	170	—		211	1450	200*	150*
苯二酚（总量）[c]	—	—		8	—	8*	—
邻苯二酚	40	0.2		2.6	457	—	1250
间苯二酚	20	0.2		4.6	20	—	600
对苯二酚	25	0.2		43	96	—	800
4. 多环芬烃类（PAHs）[e]							
萘	40	0.01		17	870	—	70
菲	40	0.003**		31	23000	—	5
蒽	40	0.0007**		1.6	25500	—	5
荧蒽	50	0.003		260	30300	—	1
䓛	50	0.003**		35	32000	—	0.2
苯并 [a] 蒽	5.0	0.0001**		2.5	3000	—	0.5
苯并 [a] 芘	0.5	0.0005**		7.0	280	—	0.05
苯并 [k] 荧蒽	5.0	0.0004**		38	3200	—	0.05
苯并 [1，2，3–cd] 芘	5.0	0.0004**		1.9	3200	—	0.05
苯并 [ghi] 芘 [ghi]	30	0.0003		33	19200	—	0.05
总多环芳烃（10 种之和）[a]	—	—		—	—	40	—
5. 卤化烃类							
a. 挥发性氯化烃							
氯乙烯 [b]	0.6	0.01		17	0.0022	0.1	5

续表

污染物	土壤临界暴露值 (μg · kg⁻¹ · d⁻¹)	地下水目标值 (μg · L⁻¹)		基于生态风险临界干预值 (mg · kg⁻¹)	基于人体健康风险的临界干预值 (mg · kg⁻¹)	土壤干预值 (mg · kg⁻¹)	地下水干预值 (μg · L⁻¹)
		<10m	>10m				
二氯甲烷	60	0.01		3.9	68	3.9	1000
1，1–二氯乙烷	80	7.0		60	15.1	15	900
1，2–二氯乙烷	14	7.0		240	6.4	6.4	400
1.1–二氯乙烯[b]	3	0.01		130	0.216	0.3	10
1，2–二氯乙烯（顺式）	6.0	—		—	238	0.51	—
1，2–二氯乙烯（反式）	17	—		—	238	0.81	—
1，2–二氯乙烯（总量）[a]	—	0.01		—	—	1	20
氯丙烯（总量）[a]	60	0.8		125	1.81	2	80
三氯甲烷	30	6.0		170	5.6	5.6	400
1，1，1–三氯乙烷	80	0.01		88	14.6	15	300
1，1，2–三氯乙烷	4	0.01		400	8.38	10	130
三氯乙烯	50	24		2.5	10	2.5	500
四氯化碳	4	0.01		29	0.7	0.7	10
三氯甲烷	16	0.01		16	8.8	8.8	40
b. 氯苯类[e]							
一氯苯	200	7.0		15	114	15	180
1，2–二氯苯	—	—		17	477	—	—
1，3–二氯苯	—	—		24	—	—	—
1，4–二氯苯	—	—		18	475	—	—
二氯苯（总量）[a]	430	3.0		—	—	19	50
三氯苯（总量）[a]	0.5	0.01		11	40	11	10
四氯苯（总量）[a]	0.5	0.01		2.2	7.5	2.2	2.5
五氯苯	0.5	0.003		16	6.7	6.7	1
六氯苯	0.16	0.00009**		2.0	2.7	2	0.5
c. 氯酚类[e]							
一氯酚（总量）[a]	3.0	0.3		5.4	77	5.4	100
二氯酚（总量）[a]	3.0	0.2		22	105	22	30
三氯酚（总量）[a]	3.0	0.03**		22	231	22	10

续表

污染物	土壤临界暴露值 (μg · kg⁻¹ · d⁻¹)	地下水目标值 (μg · L⁻¹)		基于生态风险临界干预值 (mg · kg⁻¹)	基于人体健康风险的临界干预值 (mg · kg⁻¹)	土壤干预值 (mg · kg⁻¹)	地下水干预值 (μg · L⁻¹)
		<10m	>10m				
四氯酚（总量）[a]	3.0	0.01**		21	172	21	10
五氯酚	3.0	0.04**		12	20	12	3
d. 多氯联苯类（PCBs）							
多氯联苯（7 种之和）[a]	0.01	0.01**		3.4	—	1	0.01
e. 其他氯代烃类							
一氯苯胺类（总量）[a]	0.9	—		46	17.8	50	30
二噁英（总毒性当量 1-TEQ）[a]	0.000002	—		0.00036	0.00036	0.00018	0.001ng/L*
氯萘（总量）[a]	80	—		23	29	23	6
二氯苯胺	—	—		43	—	50*	100
三氯苯胺	—	—		7.8	—	10*	10
四氯苯胺	—	—		27	—	30*	10
五氯苯胺	—	—		5.9	—	10*	1
4-氯代甲基苯酚类	—	—		—	—	15*	350
6. 农药							
a. 有机氯农药							
氯丹（总量）[a]	0.5	0.02 (ng/L)**		5.4	5.76	4	0.2
DDT（总量）[a]	20	—		1.0	31	1.7	—
DDE（总量）[a]	20	—		1.3	17	2.3	—
DDD（总量）[a]	—	—		34	42	34	—
DDT/DDE/DDD（总量）[a]	0.5	0.004 (ng/L)**		—	23	—	0.01
艾氏剂	0.1	0.009 (ng/L)**		0.35	0.32	0.32	—
狄氏剂	0.1	0.1 (ng/L)**		4.0	9.1	—	—
异狄氏剂	0.2	0.04 (ng/L)**		0.095	16	—	—
德林杀虫剂（总量）[a]	0.1	—		0.14	—	4	0.1
α-硫丹	6.0	0.2 (ng/L)**		7.1	2470	4	5
α-六六六	1.0	33 (ng/L)		17	20	17	—
β-六六六	0.02	8.0 (ng/L)		13	1.6	1.6	—

续表

污染物	土壤临界暴露值 (μg · kg^{-1} · d^{-1})	地下水目标值 (μg · L^{-1})		基于生态风险临界干预值 (mg · kg^{-1})	基于人体健康风险的临界干预值 (mg · kg^{-1})	土壤干预值 (mg · kg^{-1})	地下水干预值 (μg · L^{-1})
		<10m	>10m				
γ–六六六（林丹）	0.04	9.0 (ng/L)		1.2	1.3	1.2	—
六六六混合物（总量）[a]	1.0	0.05		6.4	—	—	1
七氯	0.3	0.005 (ng/L)**		1.0	1.51	4	0.3
环氧七氯（总量）[a]	0.4	0.005 (ng/L)**		—	0.90	4	3
b. 有机磷农药							
—	—	—	—	—	—	—	—
c. 有机锡农药							
有机锡化合物（总量）[a]	0.4	0.05**–16 (ng/L)		2.5	—	2.5	0.7
d. 氯苯氧基乙酸除草剂							
2–甲–4–苯氧基乙酸	1.5	0.02		95	3.59	4	50
e. 其他农药							
莠去津	5.0	29 (ng/L)		0.71	18	0.71	150
西维因	3.0	2 (ng/L)		0.45	107	0.45	50
卡巴呋喃（克百威）[b]	2.0	9.0 (ng/L)		0.017	5.7	0.017	100
谷硫磷	5.0	0.1 (ng/L)		1.5	25.9	2*	2*
代森锰	50	0.05 (ng/L)		22	32100	22*	0.1*
7. 其他污染物							
丙烯晴	0.1	0.08		1.3	0.09	0.1*	5*
石棉[c]	—	—		—	—	100	—
丁醇	125	—		26	103	30*	5600*
1，2–乙酸丁酯	200	—		196	469	200*	6300*
环已酮	4600	0.5		150	214	150	15.000
邻苯二甲酸二甲酯	—	—		84	82	82	—
邻苯二甲酸二乙酯	200	—		53	17000	53	—
邻苯二甲酸二异丁酯	—	—		17	83	17	—
酞酸二丁酯	52	—		36	22600	36	—
酞酸丁苄酯	500	—		48	>100000	48	—
邻苯二甲酸二已酯	—	—		220	381	220	—

续表

污染物	土壤临界暴露值 (μg · kg^{-1} · d^{-1})	地下水目标值 (μg · L^{-1})		基于生态风险临界干预值 (mg · kg^{-1})	基于人体健康风险的临界干预值 (mg · kg^{-1})	土壤干预值 (mg · kg^{-1})	地下水干预值 (μg · L^{-1})
		<10m	>10m				
邻苯二甲酸双（2- 乙基已基）酯	25	—		69	60	60	—
乙酸乙酯	900	—		68	546	75*	15.000*
二甘醇	400	—		480	0.09	270*	13.000*
乙二醇	400	—		900	209	100*	5500*
甲醛	150	—		0.30	0.08	0.1*	50*
异丙醇	1000	—		220	714	220*	31.000*
甲醇	500	—		33	164	30*	24.000*
甲基乙基酮	190	—		175	37.2	35*	6000*
甲基叔丁基醚	900	—		125	83	100*	9400*
矿物油[d]	—	50		—	—	5000	600
酞酸酯类（总量）[a]	4.0	0.5		—	10	—	5
吡啶	1.0	0.5		50	11	11	30
四氢呋喃	10	0.5		120	7	7	300
四氢噻吩	180	0.5		8.8	234	8.8	5000
三溴甲烷	20	—		300	74.7	75	630

注：土壤临界暴露值（Critical Exposure Value，CEV）指制定的人体最大允许暴露剂量，是依据人体致癌或非致癌效应制定的，在不会显著导致人体健康风险的条件下，污染物的人体每日暴露量。

* 该值即所谓的“干预值的指示值”，可靠的干预值无法推导；“指示值”和干预值制定的原则是一样的，只是指示值的地位较低。

** 数值低于检出限 / 无更低的检出限或测定方法。

a. 干预值总量中包含的每种污染物已经定义（仅有荷兰文）。

b. 这些污染物的干预值等于或低于定量检出限（实验室间的重现性）；如果该污染物被检出，需对风险进行详细的调查评估；如果土壤中检测到氯乙烯或 1，1- 二氯乙烯，必须进行地下水调查。

c. 加权浓度（蛇纹石浓度 +10X 角闪石类石棉浓度）。

d. 矿物油已在分析标准中定义。当污染物为混合物时（如汽油或民用取暖油），需在分析烷烃的基础上，加测芳烃或者多环芳烃的浓度。采用综合参数是出于实用性的考虑，更进一步的毒理学和化学性质的差异仍在研究之中。

e. 对于地下水，多环芳烃、氯苯和氯酚的效应不是直接加和的，而是表示为单一化合物干预值的一部分（譬如，污染物 A 的干预值 0.5 和污染物 B 干预值 0.5 的效应是一样的）。这意味着需要采用一个加和公式来确定是否超过干预值。如果$\sum(C_i/I_i)>1$（其中 C_i 为以一组污染物中特定污染物的测定浓度，I_i 为该组中特定污染物的干预值），则该组污染物总浓度超过干预值。

f. 最初的钡干预值已经废除，因为该值低于土壤背景浓度。至于人为源导致的钡浓度增加，可以用以前钡的干预值（920mg/kg）进行评估。该干预值和其他大多数重金属的干预值一样，包括钡的自然背景值浓度；

标准土：10% 有机质，25% 黏粒。

附表 3　日本土壤环境基准

序号	对象物质（A 法第二条）		A 法第五条		A 法施行规则第二十四条	农业用地土壤污染防治法	B 省令
	类别	名称	土壤含有量 (mg · kg^{-1})	土壤溶出量 (mg · L^{-1})	第二溶出量 (mg · L^{-1})	水田土壤	填埋处理
1	第一类 挥发性有机化合物	四氯化碳	—	0.002	0.02	—	0.02
2		1，2–二氯乙烷	—	0.004	0.04	—	0.04
3		1，1–二氯乙烯	—	0.02	0.2	—	0.2
4		反式1，2–二氯乙烯	—	0.04	0.4	—	0.4
5		1，2–二氯丙烯	—	0.002	0.02	—	0.02
6		二氯甲烷	—	0.02	0.2	—	0.2
7		四氯乙烯	—	0.01	0.1	—	0.1
8		1，1，1–三氯乙烷	—	1	3	—	3
9		1，1，1–三氯乙烷	—	0.006	0.06	—	0.06
10		三氯乙烯	—	0.03	0.3	—	0.3
11		苯	—	0.01	0.1	—	0.1
12	第二类 重金属等	镉及其化合物	150	0.01	0.3	1（大米）	0.3
13		铬（六价）及其化合物	250	0.05	1.5	—	1.5
14		氰化物（自由态）	50（自由态）	不检出	1	—	1
15		汞及其化合物	15	0.0005	0.005	—	0.005
16		烷基汞		不检出	不检出	—	不检出
17		硒	150	0.01	0.3	—	0.3
18		铅及其化合物	150	0.01	0.3	—	0.3
19		砷及其化合物	150	0.01	0.3	15（土壤）	0.3
20		氟及其化合物	4000	0.8	24	—	—
21		硼及其化合物	4000	1	30	—	—
22		铜	—	—	—	125（土壤）	—
23	第三类 农药等	西玛津 Simazine	—	0.003	0.03	—	0.03
24		福美双 Thiuram	—	0.006	0.06	—	0.06
25		杀草丹 Thiobencarb	—	0.02	0.2	—	0.2
26		多氯联苯	—	不检出	0.003	—	0.003
27		有机磷化合物	—	不检出	1	—	1

注：A 法为土壤污染对策法（2003 年施行）；B 省令为含金属等的产业废弃物关联的判定基准（1983 年 2 月 17 日总理府令第 5 号，2003 年 12 月 24 日环境省第 32 号修改）。

附表 4　中国台湾地区土壤污染管制标准

管制项目	土壤管制标准 / (mg · kg^{-1})
1. 重金属	
砷（As）	60
镉（Cd）	20（食用作物农地之管制标准值为 5）
铬（Cr）	250
铜（Cu）	400（食用作物农地之管制标准值为 200）
汞（Hg）	20（食用作物农地之管制标准值为 5）
镍（Ni）	200
铅（Pb）	2000（食用作物农地之管制标准值为 500）
锌（Zn）	2000（食用作物农地之管制标准值为 600）
2. 有机化合物	
苯（Benzene）	5
四氯化碳（Carbon Tetrachloride）	5
氯仿（Chloroform）	100
1，2– 二氯乙烷（1，2–Dichloroethane）	8
顺 –1，2– 二氯乙烯（cis–1，2–Dichloroethylene）	7
反 –1，2– 二氯乙烯（trans–1，2–Dichloroethylene）	50
1，2– 二氯丙烷（1，2–Dichloropropane）	0.5
1，2– 二氯苯（1，2–Dichlorobenzene）	100
1，3– 二氯苯（1，3–Dichlorobenzene）	100
3，3′– 二氯联苯胺（3，3′–Dichlorobenzidine）	2
乙苯（Ethylbenzene）	250
六氯苯（Hexachlorobezene）	500
五氯酚（Pentachloropheol）	200
四氯乙烯（Tetrachloroethylene）	10
甲苯（Toluene）	500
总石油碳氢化合物（TPH）（Total Petroleum Hydrocarbons）	1000
三氯乙烯（Trichloroethylene）	60
2，4，5– 三氯酚（2，4，5–Trichlorophenol）	350
2，4，6– 三氯酚（2，4，6–Trichlorophenol）	40

续表

管制项目	土壤管制标准 / (mg · kg^{-1})
氯乙烯（Vinyl chloride）	10
二甲苯（Xylenes）	500
3. 农药	
阿特灵（Aldrin）	0.04
可氯丹（Chlordane）	0.5
二氯二苯基三氯乙烷（DDT）及其衍生物（4，4′–Dichlorodiphenyl-Triichloroethane）	3
地特灵（Dieldrin）	0.04
安特灵（Endrin）	20
飞布达（Heptachlor）	0.2
管制项目	土壤管制标准 /(mg · kg^{-1})
毒杀芬（Toxaphene）	0.6
安杀毒（Endosulfan）	60
4. 其他有机化合物	
戴奥辛（Dioxins）	1000 ng TEQ/kg
多氯联苯（Polychlorinated Biphenyls）	0.09

注：TEQ 为毒性当量（Toxic Equivalent Quantity）。

附表 5　中国香港地区按风险厘定的土壤污染整治标准及土壤饱和度限值

单位：$(mg \cdot kg^{-1})$

污染物	按风险厘定的土壤污染整治标准				溶解度限值
	市区住宅土壤	乡郊住宅土壤	工业用地土壤	公园土壤	
1. 挥发性有机物化合物					
丙酮	9.59×10^{3}	4.26×10^{3}	1.00×10^{4}*	1.00×10^{4}*	***
苯	7.04×10^{-1}	2.79×10^{-1}	9.21	4.22×10^{1}	3.36×10^{2}
溴二氯甲烷	3.17×10^{-1}	1.29×10^{-1}	2.85	1.34×10^{1}	1.03×10^{3}
2-丁酮	1.00×10^{4}*	1.00×10^{4}*	1.00×10^{4}*	1.00×10^{4}*	***
三氯甲烷	1.32×10^{-1}	5.29×10^{-2}	1.54	2.53×10^{2}	1.10×10^{3}
乙苯	7.09×10^{2}	2.98×10^{2}	8.24×10^{3}	1.00×10^{4}*	1.38×10^{2}
甲基叔丁基醚	6.88	2.80	7.01×10^{1}	5.05×10^{2}	2.38×10^{3}
二氯甲烷	1.30	5.29×10^{-1}	1.39×10^{1}	1.28×10^{2}	9.21×10^{2}
苯乙烯	3.22×10^{3}	1.54×10^{3}	1.00×10^{4}*	1.00×10^{4}*	4.97×10^{2}
四氯乙烯	1.01×10^{-1}	4.44×10^{-2}	7.77×10^{-1}	1.84	9.71×10^{1}
甲苯	1.44×10^{3}	7.05×10^{2}	1.00×10^{4}*	1.00×10^{4}*	2.35×10^{2}
三氯乙烯	5.23×10^{-1}	2.11×10^{-1}	5.68	6.94×10^{1}	4.88×10^{2}
二甲苯（总量）	9.50×10^{1}	3.68×10^{1}	1.23×10^{3}	1.00×10^{4}*	1.50×10^{2}
2. 半挥发性有机化合物					
苊	3.51×10^{3}	3.28×10^{3}	1.00×10^{4}*	1.00×10^{4}*	6.02×10^{1}
苊烯	2.34×10^{3}	1.51×10^{3}	1.00×10^{4}*	1.00×10^{4}*	1.98×10^{1}
蒽	1.00×10^{4}*	1.00×10^{4}*	1.00×10^{4}*	1.00×10^{4}*	2.56
苯并 [a] 蒽	1.20×10^{1}	1.14×10^{1}	9.18×10^{1}	3.83×10^{1}	
苯并 [a] 芘	1.20	1.14	9.18	3.83	
苯并 [b] 荧蒽	9.88	1.01×10^{1}	1.78×10^{1}	2.04×10^{1}	
苯并 [g，h，i] 芘	1.80×10^{3}	1.71×10^{3}	1.00×10^{4}*	5.74×10^{3}	
苯并 [k] 荧蒽	1.20×10^{2}	1.14×10^{2}	9.18×10^{2}	3.83×10^{2}	
酞酸对二乙基已基酯	3.00×10^{1}	2.80×10^{1}	9.18×10^{1}	9.42×10^{1}	
稠二萘	8.71×10^{2}	9.19×10^{2}	1.14×10^{3}	1.54×10^{3}	
二苯并 [a，h] 蒽	1.20	1.14	9.18	3.83	
荧蒽	2.40×10^{3}	2.27×10^{3}	1.00×10^{4}*	7.62×10^{3}	
芴	2.38×10^{3}	2.25×10^{3}	1.00×10^{4}*	7.45×10^{3}	5.47×10^{1}

续表

污染物	按风险厘定的土壤污染整治标准				溶解度限值
	市区住宅土壤	乡郊住宅土壤	工业用地土壤	公园土壤	
六氯苯	2.43×10^{-1}	2.20×10^{-1}	5.82×10^{-1}	7.13×10^{-1}	
茚并 [1，2，3-cd] 芘	1.20×10^{1}	1.14×10^{1}	9.18×10^{1}	3.38×10^{1}	
萘	1.82×10^{2}	8.56×10^{1}	4.53×10^{2}	9.14×10^{2}	1.25×10^{2}
菲	1.00×10^{4}*	1.00×10^{4}*	1.00×10^{4}*	1.00×10^{4}*	2.80×10^{1}
酚	1.00×10^{4}*	1.00×10^{4}*	1.00×10^{4}*	1.00×10^{4}*	7.26×10^{3}
芘	1.80×10^{3}	1.71×10^{3}	1.00×10^{4}*	5.72×10^{3}	
3. 金属					
锑	2.95×10^{1}	2.91×10^{1}	2.61×10^{2}	9.79×10^{1}	
砷	2.21×10^{1}	2.18×10^{1}	1.96×10^{2}	7.35×10^{1}	
钡	1.00×10^{4}*	1.00×10^{4}*	1.00×10^{4}*	1.00×10^{4}*	
镉	7.38×10^{1}	7.28×10^{1}	6.53×10^{2}	2.45×10^{2}	
铬（三价）	1.00×10^{4}*	1.00×10^{4}*	1.00×10^{4}*	1.00×10^{4}*	
铬（六价）	2.21×10^{2}	2.18×10^{2}	1.96×10^{3}	7.35×10^{2}	
钴	1.48×10^{3}	1.46×10^{3}	1.00×10^{4}*	4.90×10^{3}	
铜	2.95×10^{3}	2.91×10^{3}	1.00×10^{4}*	9.79×10^{3}	
铅	2.58×10^{2}	2.55×10^{2}	2.29×10^{3}	8.57×10^{2}	
锰	1.00×10^{4}*	1.00×10^{4}*	1.00×10^{4}*	1.00×10^{4}*	
汞	1.10×10^{1}	6.52	3.84×10^{1}	4.56×10^{1}	
钼	3.69×10^{2}	3.64×10^{2}	3.26×10^{3}	1.22×10^{3}	
镍	1.48×10^{3}	1.46×10^{3}	1.00×10^{4}*	4.90×10^{3}	
锡	1.00×10^{4}*	1.00×10^{4}*	1.00×10^{4}*	1.00×10^{4}*	
锌	1.00×10^{4}*	1.00×10^{4}*	1.00×10^{4}*	1.00×10^{4}*	
4. 二噁英 / 多氯联苯					
二噁英（I-TEQ）	1.00×10^{-3}	1.00×10^{-3}	5.00×10^{-3}	1.00×10^{-3}	
多氯联苯	2.36×10^{-1}	2.26×10^{-1}	7.48×10^{-1}	7.56×10^{-1}	
5. 石油碳分子范围					
碳链 C6 ~ C8	1.41×10^{3}	5.45×10^{2}	1.00×10^{4}*	1.00×10^{4}*	1.00×10^{3}
碳链 C9 ~ C16	2.24×10^{3}	1.33×10^{3}	1.00×10^{4}*	1.00×10^{4}*	3.00×10^{3}
碳链 C17 ~ C35	1.00×10^{4}*	1.00×10^{4}*	1.00×10^{4}*	1.00×10^{4}*	5.00×10^{3}

续表

污染物	按风险厘定的土壤污染整治标准				溶解度限值
	市区住宅土壤	乡郊住宅土壤	工业用地土壤	公园土壤	
6. 无机化合物					
游离氰化物	1.48×10^3	1.46×10^3	1.00×10^4*	4.90×10^3	
7. 有机金属化合物					
三丁基氧化锡	2.21×10^1	2.18×10^1	1.96×10^2	7.35×10^1	

注：1）表中的空格是由于化学品的毒性或物理 / 化学数值不详，或吸入途径不符合亨利常数（Henry's Law Constant）大于 10^{-5} 的条件，因此不能计算“按风险厘定的地下水污染整治标准”。

2）由于石油碳分子范围内脂肪族碳链 C_9 ~ C_{16} 及大于 C_{16} 的水溶解度通常被认为实际上等于零，因此使用了芳香族碳链 C_9 ~ C_{16} 的溶解度数据。

3）* 显示“最高限度”的浓度。

4）*** 显示“溶解度限值”高于“最高限度”，因此可采用“按风险厘定的地下水污染整治标准”。

附表 6　中国土壤环境质量标准　　单位：$(mg \cdot kg^{-1})$

项目自然背景 pH<6.5			一级	二级			三级
			pH = 6.5 ~ 7.5	pH>7.5	pH>6.5		
镉		≤	0.2	0.3	0.3 ~ 7.5	0.6	1
汞		≤	0.15	0.3	0.5	1	1.5
砷	水田≤		15	30	25	20	30
	旱地	≤	15	40	30	25	40
铜	农田	≤	35	50	100	100	400
	果园	≤	—	150	200	200	400
铅		≤	35	250	300	350	500
铬	水田	≤	90	250	300	350	400
	旱地	≤	90	15	200	250	300
锌		≤	100	200	250	300	500
镍		≤	40	40	50	60	200
六六六		≤	0.05	0.5			1
滴滴锑		≤	0.05	0.5			1

附表 7　中国农用地土壤污染风险筛选值（基本项目）　单位：$(mg \cdot kg^{-1})$

污染物项目 pH ≤ 5.5		风险筛选值			
		5.5<pH ≤ 6.5	6.5<pH ≤ 7.5	pH>7.5	
镉	水田	0.3	0.4	0.6	0.8
	其他	0.3	0.3	0.3	0.6
汞	水田	0.5	0.5	0.6	1
	其他	1.3	1.8	–2.4	3.4
砷	水田	30	30	25	· 20
	其他	40	40	30	25
铅	水田	8o	10O	140	240
	其他	70	90	120	170
铬	水田	250	250	300	350
	其他	150	150	200	250
铜	果园	150	150	200	20o
	其他	50	50	100	100
镍		60	70	100	190
锌		200	200	250	300

附表 8　中国农用地土壤污染风险筛选值（其他项目）　单位：(mg · kg^{-1})

序号	污染物项目	风险筛选值
1	六六六总量	0.10
2	滴滴涕总量 b	0.10
3	苯并 [l，a] 芘	0.55

附表 9　中国建设用地土壤污染风险筛选值和管制值（基本项目）

单位：(mg · kg^{-1})

序号	污染物项目	CAS 编号	筛选值		管制值	
			第一类用地	第二类用地	第一类用地	第二类用地
重金属和无机物						
1	砷	7440–38–2	20	60	120	140
2	镉	7440–43–9	20	65	47	172
3	铬（六价）	18540–29–9	3	5.7	30	78
4	铜	7440–50–8	2000	18000	8000	36000
5	铅	7439–92–1	400	800	800	2500
6	汞	7439–97–6	8	38	33	82
7	镍	7440–02–0	150	900	600	2000
挥发性有机物						
8	四氯化碳	56–23–5	0.9	2.8	9	36
9	氯仿	67–66–3	0.3	0.9	5	10
10	氯甲烷	74–87–3	12	37	21	120
11	1，1–二氯乙烷	75–34–3	3	9	20	100
12	1，2–二氯乙烷	107–06–2	0.52	5	6	21
13	1，1–二氯乙烯	75–35–4	12	66	40	200
14	顺–1，2–二氯乙烯	156–59–2	66	596	200	2000
15	反–1，2–二氯乙烯	156–60–5	10	54	31	163
16	二氯甲烷	75–09–2	94	616	300	2000
17	1，2–二氯丙烷	78–87–5	1	5	5	47
18	1，1，1，2–四氯乙烷	630–20–6	2.6	10	26	100
19	1，1，2，2–四氯乙烷	79–34–5	1.6	6.8	14	50
20	四氯乙烯	127–18–4	11	53	34	183

续表

序号	污染物项目	CAS 编号	筛选值		管制值	
			第一类用地	第二类用地	第一类用地	第二类用地
21	1，1，1-三氯乙烷	71-55-6	701	840	840	840
22	1，1，2-三氯乙烷	79-00-5	0.6	2.8	5	15
23	三氯乙烯	79-01-6	0.7	2.8	7	20
24	1，2，3-三氯丙烷	96-18-4	0.05	0.5	0.5	5
25	氯乙烯	75-01-4	0.12	0.43	1.2	4.3
26	苯	71-43-2	1	4	10	40
27	氯装	108-90-7	68	270	200	1000
28	1，2-二氯苯	95-50-1	560	560	560	560
29	1，4-二氯苯	106-46-7	5.6	20	56	200
30	乙苯	100-41-4	7.2	28	12	280
31	苯乙烯	100-42-5	1290	1290	1290	1290
32	甲苯	108-88-3	1200	1200	1200	1200
33	间-二甲苯+对-二甲苯	108-38-3 106-42-3	163	570	500	570
34	邻-二甲苯	95-47-6	222	640	640	640
半挥发性有机物						
35	硝基苯	98-95-3	34	76	190	760
36	苯胺	62-53-3	92	260	211	663
37	2-氯酚	95-57-8	250	2256	500	4500
38	苯并 [a] 蒽	56-55-3	5.5	15	55	151
39	苯并 [a] 芘	50-32-8	0.55	1.5	5.5	15
40	苯并 [b] 荧蒽	205-99-2	5.5	15	55	151
41	苯并 [k] 荧蒽	207-08-9	55	151	550	1500
42	䓛	218-01-9	490	1293	4 900	12900
43	二苯并 [a，h] 蒽	53-70-3	0.55	1.5	5.5	15
44	茚并 [1，2，3-cd] 芘	193-39-5	5.5	15	55	151
45	萘	91-20-3	25	70	255	700

附表 10　中国建设用地土壤污染风险筛选值和管制值（其他项目）

序号	污染物项目	CAS 编号	筛选值		管制值	
			第一类用地	第二类用地	第一类用地	第二类用地
重金属和无机物						
1	锑	7440-36-0	20	180	40	360
2	铍	7440-41-7	15	29	98	290
3	钴	7440-48-4	20	70	190	350
4	甲基汞	22961-92-6	5	45	10	120
5	钒	7440-62-2	165	752	330	1500
6	氰化物	21159	22	135	44	270
挥发性有机物						
7	溴二氯甲烷	75-27-4	0.29	1.2	2.9	12
8	溴仿	75-25-2	32	103	320	1030
9	二溴氯甲烷	124-48-1	9.3	33	93	330
10	1，2-二溴乙烷	106-93-4	0.07	0.24	0.7	2.4
半挥发性有机物						
11	六氯环戊二烯	77-47-4	1.1	5.2	2.3	10
12	2，4 二硝基甲苯	121-14-2	1.8	5.2	18	52
13	2，4-二氯酚	120-83-2	117	843	234	1690
14	2，4，6-三氟酚	88-06-2	39	137	78	560
15	2，4- 二硝基酚	51-28-5	78	562	156	1130
16	五氯酚	87-86-5	1.1	2.7	12	27
17	邻苯二甲酸二（2-乙基己基）酯	117-81-7	42	121	420	1210
18	邻苯二甲酸丁基苄酯	85-68-7	312	900	3120	9000
19	邻苯二甲酸二正辛酯	117-84-0	390	2812	800	5700
20	3，3-二氯联苯胺	91-94-1	1.3	3.6	13	36
有机农药类						
21	阿特拉津	1912-24-9	2.6	7.4	26	74
22	氯丹	12789-03-6	2	6.2	20	62
23	p，p′-滴滴滴	72-54-8	2.5	7.1	25	71
24	p，p-滴滴伊	72-55-9	2	7	20	70

续表

序号	污染物项目	CAS 编号	筛选值		管制值	
			第一类用地	第二类用地	第一类用地	第二类用地
25	滴滴涕°	50-29-3	2	6.7	21	67
26	敌敌畏	62-73-7	1.8	5	18	50
27	乐果	60-51-5	86	619	170	1240
28	硫丹	115-29-7	234	1687	470	3400
29	七氯	76-44-8	0.13	0.37	1.3	3.7
30	α-六六六	319-84-6	0.09	0.3	0.9	3
31	β-六六六	319-85-7	0.32	0.92	3.2	9.2
32	γ-六六六	58-89-9	0.62	1.9	6.2	19
33	六氯苯	118-14-1	0.33	1	.3.3	10
34	灭蚁灵	2385-85-5	0.03	0.09	0.3	0.9
多氯联苯、多溴联苯和二噁英类						
35	多氯联苯（总量）°		0.14	0.38	1.4	3.8
36	3，3′，4，4′，5- 五氯联苯（PCB 126）	57465-28-8	4×10^{-5}	1×10^{-4}	4×10^{-4}	1×10^{-3}
37	3，3′，4，4′，5，5′- 六氯联苯（PCB 169）	32774-16-6	1×10^{-4}	4×10^{-4}	1×10^{-3}	4×10^{-3}
38	二噁英类（总毒性当量）		1×10^{-5}	4×10^{-5}	1×10^{-4}	4×10^{-4}
39	多溴联苯〈总量）		0.02	0.06	0.2	0.6
石油烃类						
40	石油烃（C10 ~ C40）		826	4500	5000	9000

参 考 文 献

曾昭华，曾雪萍 . 2000. 中国癌症与土壤环境中 As 元素的关系 [J]. 江西科学，18（1）：15–18.

陈怀满，郑春荣，周东美，等 . 2006. 土壤环境质量研究回顾与讨论 [J]. 农业环境科学学报，25（4）：821–827.

陈宁宁 . 2020. 土壤环境质量监测中存在的问题及对策分析 [J]. 环境与发展，32（12）：139–140.

崔建升，徐富春，刘定，等 . 2009. 优先污染物筛选方法进展 [C]. // 中国环境科学学会 2009 年学术年会论文集（第四卷），841–844.

崔晓勇，丁文军，柴团耀，等 . 2010. 国内外化学污染物环境与健康风险排序比较研究 .[M]. 北京：科学出版社 .

方路乡，胡望钧 . 1991. 浙江省第一批环境优先污染物黑名单研究 [J]. 环境污染与防治，（3）：8–11.

方路乡，胡望钧 . 1993. 环境优先污染物的筛选原则，程序和方法 [J]. 上海环境科学，12（5）：37–38.

龚雄虎，丁琪琪，金苗，等 . 2021. 升金湖水体优先污染物筛选与风险评价 [J]. 环境科学，42（10）：4727–4738. DOI:10.13227/j.hjkx.202102117.

胡冠九 . 2007. 环境优先污染物简易筛选法初探 [J]. 环境科学与管理，32（9）：47–49.

环境保护部，国土资源部 . 2014. 全国土壤污染状况调查公报 . http://www.sdpc.gov.cn/fzgggz/ncjj/zhdt/201404/t20140418_607888.html.

环境保护部科技标准司 . 2010. 国内外化学污染物环境与健康风险排序比较研究 [M]. 北京：科学出版社 .

黄震 . 1995. 综合评分指标体系在环境优先污染物筛选中的应用 [J]. 上海环境科学，16（6）：19–21.

李婧，周艳文，陈森，等 . 2015. 我国土壤镉污染现状、危害及其治理方法综述 [J]. 安徽农学通报，21（24）：104–107. DOI：10.16377/j.cnki.issn1007-7731.2015.24.044.

李敏，林玉锁 . 2006. 城市环境铅污染及其对人体健康的影响 [J]. 环境监测管理与技术，（5）：6–10.

李秋爽，於方，曹国志，等 . 2021. 新污染物治理进展及“十四五”期间和长期治理思路研究 [J]. 环境保护，49（10）：8.

林玉锁 . 2014. 我国土壤污染问题现状及防治措施分析 [J]. 环境保护，(11).
刘存，韩寒，周雯，等 . 2003. 应用 Hasse 图解法筛选优先污染物 [J]. 环境化学，22（5）：499-502.
刘沙沙，付建平，郭楚玲，等 . 2019. 微塑料的环境行为及其生态毒性研究进展 [J]. 农业环境科学学报，v.38；No.285（05）：7-19.
刘仲秋，史箴，郭华，等 . 1992. 四川省优先污染物的研究（上）[J]. 环境保护，(1)：39-40.
龙良俊，宋雪婷，潘宝宇，等 . 2020. 砷污染土壤修复技术综述 [J]. 应用化工，49（10）：2649-2653. DOI:10.16581/j.cnki.issn1671-3206.20200724.033.
裴淑玮，周俊丽，刘征涛 . 2013. 环境优控污染物筛选研究进展 [J]. 环境工程技术学报，3（4）：363-368.
裴钰鑫 . 2013. 水中典型内分泌干扰素的分析方法及风险评价研究 [D]. 南京：南京理工大学 .
秦娟，郭维君 . 2021. 浅析新形势下如何提升环境监测能力 [J]. 皮革制作与环保科技，2（12）：2.
束放，韩梅 . 2015. 2014 年我国农药市场回顾及 2015 年展望 [J]. 中国植保导刊，35（3）：63-65.
宋利臣，叶珍，马云，等 . 2010. 潜在危害指数在水环境优先污染物筛选中的改进与应用 [J]. 环境科学与管理，35（9）：20-22.
王红娜 . 2015. 北京市平原区地下水中优先控制污染物筛选方法研究 [D]. 北京：中国地质大学（北京）. DOI:10.27493/d.cnki.gzdzy.2015.000084.
王佳钰，王中钰，陈景文，等 . 2022. 环境新污染物治理与化学品环境风险防控的系统工程 [J]. 科学通报，67（3）：267-277.
王莉，王玉平，卢迎红，等 . 2005. 迁河流域浑河沈阳段地表水重点控制有机污染物的筛选 [J]. 中国环境监测，21（6）：59-62.
王萌，李杉杉，李晓越，等 . 2018. 我国土壤中铜的污染现状与修复研究进展 [J]. 地学前缘，25（5）：305-313. DOI:10.13745/j.esf.sf.2018.4.20.
王文兴，童莉，海热提 . 2005. 土壤污染物来源及前沿问题 [J]. 生态环境，14（1）：5.
王先良，张金良，吕占禄，等 . 2014. 流域水环境特征污染物筛选理论与实践 [M]. 北京：中国环境出版社 .
王一喆，张亚辉，赵莹，等 . 2018. 国内外环境优先污染物筛选排序方法比较 [J]. 环境工程技术学报，8（4）：9.
韦正峥，向月皎，郭云，等 . 2022. 国内外新污染物环境管理政策分析与建议 [J]. 环境科学研究，35（2）：443-451. DOI:10.13198/j.issn.1001-6929.2021.11.17.
吴颜岐，宋帅，史雅娟，等 . 2022. 天津市地表水中新型优先污染物筛选与管控对策 [J/OL]. 环境科学，1-22.
席承藩，章士炎 . 1994. 全国土壤普查科研项目成果简介 [J]. 土壤学报，(3)：330-335.
徐青 . 2015. 饮用水源地优先控制污染物筛选研究 [D]. 扬州：扬州大学 .
薛文平，刘兆丽，孙衍宁，等 . 2003. 密切值法在地面水环境质量评价中的应用 [J]. 环境工程，

（1）：67–69+6.

印楠 . 1997. 福建省水环境优先污染物初探 [J]. 福建环境，（4）：6–15.

余璇，吴劲，宋柳霆，等 . 2018. 基于健康风险评价的土壤优先控制污染物筛选研究 [J]. 环境污染与防治，40（4）：473–478+483. DOI:10.15985/j.cnki.1001-3865.2018.04.021.

翟平阳，刘玉萍，倪艳芳，等 . 2000. 松花江水中优先污染物的筛选研究 [J]. 北方环境，（3）：19–21.

周健民，沈仁芳 . 2013. 土壤学大辞典 [M]. 北京：科学出版社 .

周启星，魏树和，刁春燕 . 2007. 污染土壤生态修复基本原理及研究进展 [J]. 农业环境科学学报，26（2）：6.

周文敏，傅德黔，孙宗光 . 1991. 中国水中优先控制污染物黑名单的确定 [J]. 环境科学研究，4（6）：9–13.

ATSDR. 2007. CERCLA priority list of hazardous substances that will be the subject of toxicology profiles and support document.

Bruggemann R, Patil G P. 2010. Multicriteria prioritization and partial order in environmental sciences[J]. Environmental and Ecological Dtatistics, 17(4): 383–410.

Bruggemann R, Voigt K. 2008. Basic principles of Hasse diagram technique in chemistry[J]. Combinatorial Chemistry & High Throughput Screening, 11(9): 756–769.

Davies Julian, Davies Dorothy. 2010. Origins and evolution of antibiotic resistance[J]. Microbiology and molecular biology reviews: MMBR, 74(3).

European Chemicals Bureau (ECB). 2003. 2nd edition of the technical guidance document on risk assessment of chemical substances following European regulatory and directives.

Existing Substances Division (ESD), Environment Canada. 2007. Rapid screening of substances of lower ecological concern: results of the ecological screening assessment.

Ferreira-Baptista L，De Miguel E. 2005. Geochemistry and risk assessment of street dust in Luanda，Angola：a tropical urban environment[J]. Atmospheric Environment，39(25): 4501–4512.

Halfon E, Reggiani M G . 1986. On ranking chemicals for environmental hazard[J]. Environmental Science & Technology, 20(11): 1173–1179.

Kim M S, Joo C K, Lee S M, et al. 2005. development of a priority substances list for integrated environmental management[J]. Korean journal of chemical enginerring, 22(2): 38–245.

Liu X, Song Q, Tang Y, et al. 2013. Human health risk assessment of heavy metals in soil–vegetable system: a multi-medium analysis[J]. Science of the Total Environment, 463: 530–540.

Ma J, Kremer G E O. 2015. A fuzzy logic-based approach to determine product component end-of-life option from the views of sustainability and designer's perception[J]. Journal of Cleaner Production, 108: 289–300.

OECD. 1986. Existing Chemicals: Systematic Investigation, Priority Setting and Chemicals

Reviews[S]. Organization for Economic Co-operation and Development, Paris, France.

Rovira J, Mari M, Nadal M, et al. 2010. Environmental monitoring of metals, PCDD/Fs and PCBs as a complementary tool of biological surveillance to assess human health risks[J]. Chemosphere, 80(10): 1183–1189.

Schalit L M, Wolfe K J. 1978. Multimedia environmental goals for environmental assessment [M]. US environmental protection agency.

Tang J C. 1989. The second nationwide general soil survey and the developments in soil and fertilizer sciences.

Tang M, Zhao M, Shanshan Z, et al. 2014. Assessing the underlying breast cancer risk of Chinese females contributed by dietary intake of residual DDT from agricultural soils[J]. Environment International, 73: 208–215.

Tsakovski S, Simeonov V. 2011. Hasse diagram technique as exploratory tool in sediment pollution assessment[J]. Journal of Chemometrics, 25(5): 254–261.

Tsakovski S, Astel A, Simeonov V. 2010. Assessment of the water quality of a river catchment by chemometric expertise[J]. Journal of Chemometrics, 24(11–12): 694–702.

US Environmental Protection Agency (EPA). 1994. Screening Methodology for Pollution Prevention Targeting, EPA.

US Environmental Protection Agency (EPA). 2000. Risk Characterization. EPA, 100–B–00–002.

US Environmental Protection Agency (EPA). 2009a. Methodolgy for Hazard-Based Prioritization Under ChAMP.

US Environmental Protection Agency (EPA). 2009b. Methodolgy for Risk-Based Prioritization Under ChAMP.

Zadeh L A. 1996. Fuzzy sets[M].//Fuzzy sets, fuzzy logic, and fuzzy systems: selected papers by Lotfi A Zadeh, 394–432.

Zgheib S, Moilleron R, Chebbo G, et al. 2012. priority pollutants in urban storm water: part1—Case of separate storm sewers[J]. Water Research, 46(20): 6683–6692.

Zhang GL, Shi XZ, Gong ZT. 2008. Petrospect and prospect of soil geography in China[J]. Acta Pedol Sin, 45(5): 792–800.

Zhao QG. 1992. Petrospect and prospect of soil survey, mapping and classification in China[J]. Soils, 6: 281–284.